高职高专“工作过程导向”新理念教材 计算机系列

JavaScript与jQuery案例教程

吴菁 主编

毛焕宇 王海颖 李可 副主编

清华大学出版社
北京

内容简介

随着移动互联网技术的飞速发展，网页内容变得更加生动。炫酷的页面交互、跨终端的适配兼容功能，让用户有了更好的用户体验，这些都是基于前端技术实现的。

本书以1+X《Web前端开发职业技能等级标准》为编写依据，循序渐进地介绍JavaScript开发相关技术。首先深入分析JavaScript的核心知识，然后详细讲解jQuery技术。全书从实战出发，针对每个重要的知识点，设计"最小化"案例，一点一例，由浅入深。

本书适合高等职业院校计算机类专业的学生作为Web前端开发相关课程的教材，也可作为培训机构的教材或参考用书。

图书在版编目(CIP)数据

JavaScript与jQuery案例教程/吴菁主编. —北京：清华大学出版社，2023.6

高职高专"工作过程导向"新理念教材. 计算机系列

ISBN 978-7-302-62988-7

Ⅰ. ①J… Ⅱ. ①吴… Ⅲ. ①JAVA语言－程序设计－高等职业教育－教材 Ⅳ. ①TP312.8

中国国家版本馆CIP数据核字(2023)第039702号

责任编辑：孟毅新

封面设计：傅瑞学

责任校对：李 梅

责任印制：杨 艳

出版发行：清华大学出版社

网 址：http://www.tup.com.cn，http://www.wqbook.com

地 址：北京清华大学学研大厦A座 **邮 编**：100084

社 总 机：010-83470000 **邮 购**：010-62786544

投稿与读者服务：010-62776969，c-service@tup.tsinghua.edu.cn

质量反馈：010-62772015，zhiliang@tup.tsinghua.edu.cn

课件下载：http://www.tup.com.cn，010-83470410

印 装 者：三河市铭诚印务有限公司

经 销：全国新华书店

开 本：185mm×260mm **印 张**：14 **字 数**：321千字

版 次：2023年6月第1版 **印 次**：2023年6月第1次印刷

定 价：49.00元

产品编号：092801-01

前言

为了贯彻落实党的二十大精神和《国家职业教育改革实施方案》的相关要求，帮助读者学习和掌握1+X《Web前端开发职业技能等级标准》（以下简称《标准》）中涵盖的JavaScript、jQuery知识点，我们组织编写了本书。本书共15章，涵盖JavaScript基础、JavaScript库、数据异步交互三部分内容。

本书按照《标准》涉及的核心技能，从实战出发，针对每个重要的知识点，精心设计"最小化"案例，一点一例，由浅入深，逐步深入。本书内容以能力培养目标为核心，以典型案例为主线，将知识寓于能力培养过程中。

本书主要包括以下内容。

第一篇　JavaScript基础

第1章讲解JavaScript基础及其发展史、这门语言能实现什么功能、代码写在哪里、程序如何运行以及如何调试。

第2章讲解JavaScript常用的基础知识，包括代码注释，变量定义与引用，数据类型以及判别，对象类型的数组定义与操作，表达式中的运算符。

第3章讲解条件语句、循环语句及程序的运行流程。

第4章讲解自定义函数和系统函数，包括匿名函数、Math内置函数。

第5章讲解对象的创建，以及运用系统对象（date、window）进行动态显示方法。

第6章讲解BOM（浏览器对象模型），包括window对象、history对象、location对象、navigator对象、screen对象、document对象6个常用的对象。

第7章讲解DOM（文档对象模型），包括DOM对象、节点类型以及DOM节点操作（获取节点、获取节点类型、创建/增添节点、删除节点）。

第8章结合DOM事件，讲解一些常见的应用。

第9章从代码可维护性、优化DOM操作的角度讲解JavaScript代码优化。

第二篇　JavaScript 库

第 10 章讲解 jQuery 发展史、设计思想及其用途、jQuery 下载与引用的方法、jQuery 语法格式，以及用 jQuery 代码风格编写脚本。

第 11 章讲解通过各种 jQuery 选择器获取指定节点的方法。

第 12 章讲解 jQuery 常见的 DOM 操作，包括查找节点，获取节点类型，节点的增、删、改、查操作。

第 13 章结合 jQuery 事件讲解一些常用的应用。

第 14 章讲解 jQuery 一些常用的特效。

第三篇　数据异步交互

第 15 章讲解如何通过 jQuery 的 ajax()方法实现数据异步交互。通过本章学习，了解 Ajax 工作原理、Ajax 原生写法，掌握多种 jQuery ajax()方法，学会 Ajax 调试，并能运用 JSON 数据解决不同编程语言之间的数据交换问题。

本书由吴菁任主编，毛焕宇、王海颖、李可任副主编，吴菁对全书进行了统稿。本书编写分工如下：第 1 章、第 4 章和第 5 章由吴菁(宁波职业技术学院)编写，第 2 章和第 3 章由王海颖(浙江纺织服装职业技术学院)编写，第 10～14 章由毛焕宇(浙江纺织服装职业技术学院)编写，第 15 章由李可(宁波职业技术学院)编写。

本书提供了与教学相关的源代码，供读者参考使用，本书所有程序均经过作者精心调试。

由于编者水平有限，书中难免有不足之处，敬请读者批评、指正。

编　者

2023 年 2 月

目 录

第一篇 JavaScript 基础

第二篇 JavaScript 库

第三篇 数据异步交互

第一篇

JavaScript基础

第 1 章 初识 JavaScript

1.1 什么是 JavaScript

JavaScript(简称 JS)是一门用于前端开发的计算机语言,在不与服务器交互的情况下,可修改 HTML 内容,为网页添加各种动态效果。它是网页动画与交互的效果之源,也是构建 Web 应用的核心部分。

随着 5G 移动网络的普及,在各种新技术、新标准的推动下,今天的 Web 前端技术已形成了一个大的技术系统,涉及知识点如图 1-1 所示。

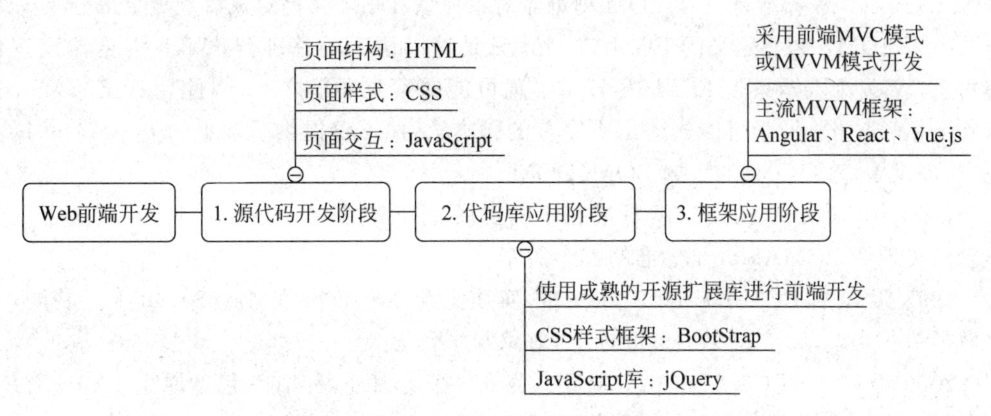

图 1-1 Web 前端开发技术

(1) Web 前端泛指在 Web 应用中,用户可以看得见的内容,包括 Web 页面的结构、Web 的外观表现以及 Web 的交互实现。HTML 语言属结构,决定网页的内容是什么; CSS 样式属表现,展示网页的效果是什么样子; 而 JavaScript 技术属行为,它是一种基于对象和事件驱动的脚本语言,用于控制网页的交互行为。在 Web 前端开发技术中,JavaScript 技术是最重要的,它的语法和 Java 类似,属于解释型语言,边执行边解释。JavaScript 的最大特点是"一切皆对象",它是一种拥有属性、方法的特殊数据类型。

(2) Web 后端更多的是与数据库进行交互、处理相应的业务逻辑,需要考虑的是数据的存取、平台的稳定性与性能等。Web 后端编程语言是百花齐放,有 PHP、JSP、node. js 等编程语言,但 Web 前端的脚本是一枝独秀,处理前端效果,非 JavaScript 语言不可。不过,JavaScript 也可以应用在其他方面,比如 node. js 使 JS 变成了服务器端脚本,类似 PHP。

1.2 JavaScript 的发展史

1994 年，网景公司（Netscape）发布 Navigator 浏览器，但是这款浏览器只能浏览页面，为了解决这个问题，网景决定发明一种全新的语言。

1995 年，网景公司的布兰登·艾奇（Brendan Eich）为 Navigator 浏览器开发了一种名为 LiveScript 的脚本语言。当时，Netscape 为了搭上媒体热炒 Java 的“顺风车”，临时将 LiveScript 改名为 JavaScript，所以从本质上讲，JavaScript 和 Java 是没有什么关系的。

因为网景公司开发的 JavaScript 1.0 获得了巨大的成功，一年后微软迫于竞争对手的压力模仿 JavaScript 开发了 JScript。为了让 JavaScript 标准化，微软、网景、ScriptEase 等公司联合 ECMA（欧洲计算机制造商协会）组织定制了 JavaScript 语言的标准，称为 ECMAScript 标准。虽然 JavaScript 和 ECMAScript 通常被人们用于表达相同的意思，但 JavaScript 的含义比 ECMA-262 中规定的多得多。一个完整的 JavaScript 实现由 ECMAScript（语法标准，核心）、BOM 浏览器对象模型、DOM 文档对象模型 3 个部分组成。

由于 ECMA-262 定义的 ECMAScript 只是这门语言的基础，与 Web 浏览器没有依赖关系，Web 浏览器只是 ECMAScript 实现可能的宿主环境之一，因此，在 ECMAScript 基础上，Web 浏览器就可能构建出更完善的脚本语言，不仅提供了基本的 JavaScript 的实现，还提供了该语言的扩展，如 BOM、DOM。

JavaScript 的 ECMAScript 标准在不断发展，平时讲到 JavaScript 版本，实际上就是说它是实现了 ECMAScript 标准的哪个版本。

1997 年 7 月，ECMAScript 1.0 发布，实质上与 Netscape 的 JavaScript 1.0 相同，只是做了一些小改动，支持 Unicode 标准，对象与平台无关。

2009 年 12 月，ECMAScript 5.0 正式发布。它添加了新功能，包括原生 JSON 对象、继承的方法和高级属性定义以及严格模式。

2011 年 6 月，ECMAScript 5.1 发布并且成为 ISO 国际标准。

2015 年 6 月，ECMAScript 6.0 正式发布，并更名为 ECMAScript 2015。ECMAScript 6.0 的目标是使 JavaScript 语言可以用来编写大型的、复杂的应用程序，称为企业级开发语言。

2020 年 6 月，发布 ECMA-262（第 11 版），即 ECMAScript 2020 通用编程语言的标准。

1.3 JavaScript 的功能

通过 JavaScript 脚本，主要实现两项功能：对 DOM（HTML）的增删改查、对事件（event）的响应和处理。例如，单击图 1-2 购物车中的“删除”图标，可以删除选购的商品。光标滑过图 1-3 所示的选项卡，可以切换扫码登录或账户登录的界面。

下面通过案例来体验一下 JavaScript 的用途。

【例 1-1】 打开页面，输出“hello world!”，如图 1-4 所示。

分析：

最简单的实现方式，就是把输出内容写在< body >标签内。

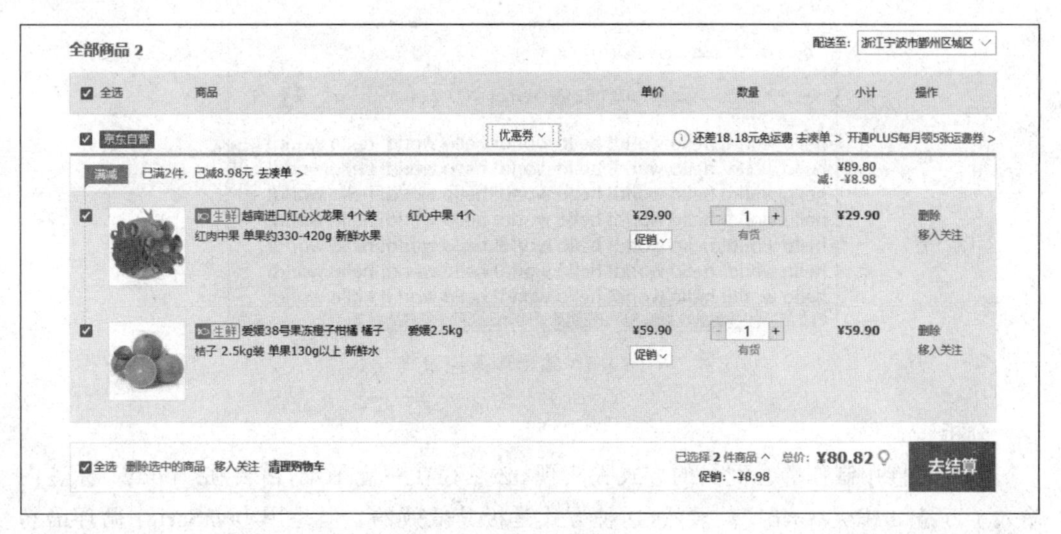

图 1-2　购物车的删除功能

图 1-3　登录切换功能

图 1-4　页面输出一条信息

参考代码：

```
<!DOCTYPE html>
<html>
    <head>
        <meta charset="utf-8"><title></title>
    </head>
    <body>
        hello world!
    </body>
</html>
```

【例 1-2】 在例 1-1 静态页面的基础上，输出 1 万条“hello world!”的信息，如图 1-5 所示。

图 1-5　输出多条记录

分析：

如果直接用制作静态网页的方式去实现，必然存在一定困难，需要在<body>标签内输入 1 万条“hello world!”。显然，这种方式是极其低效的。但是用 JavaScript 循环语句实现就简单多了，只需保存几行代码，而且文件相对比较小。需要注意，在 HTML 内嵌入 JavaScript 语句，需要用<script>标签声明一下。内容用 document.write()语句输出。

参考代码：

```
<!DOCTYPE html>
<html>
    <head><meta charset="utf-8"><title></title></head>
    <body>
        <script type="text/javascript">
            for (i = 0; i < 10000; i++) {
                document.write("hello world! ");
            }
        </script>
    </body>
</html>
```

1.4　JavaScript 运行环境

浏览器内置 JavaScript 代码解释器，所以安装浏览器后就可以运行 JavaScript 代码。不同的浏览器，解释器可能存在差异。本书的案例是使用 Google Chrome 浏览器进行测试与调试的。

JavaScript 的执行流程如图 1-6 所示。用户通过浏览器的地址栏输入页面的地址，向服务器发出请求，请求查找包含 JavaScript 代码的页面。服务器接到请求后，返回保存在服务器上包含 JavaScript 的源文件。需要注意的是，服务端不进行 JavaScript 代码的处理，其只完成查找、传递 JavaScript 源文件的任务。当请求的网页返回浏览器端后，浏览器进行解析、渲染 HTML+CSS+JavaScript 代码。JavaScript 代码运行在浏览器端，故属于客户端的脚本。

图 1-6　JavaScript 执行流程

1.5　JavaScript 代码位置

在网页中引用 JavaScript 有 3 种方式。

(1) 内嵌。将内容直接写在 HTML 标签中,该方式不常用。例如:

```
< input type = "button" value = "点击试试" onclick = " javascript: alert('试试就试试'); "/>
```

(2) 内置。在< head >和< body >标签的任何位置嵌入"< script > JS 脚本</script >"代码。

(3) 外联。导入外部 JavaScript 文件。在 HTML 文档中,用< script src="×××.js"></script >标签引用。其中×××.js 是单独保存的 JavaScript 文件。使用外部脚本的优点是可实现页面内容和功能的分离,代码结构清晰,易于维护。

【例 1-3】　在网页中用 3 种方式引用 JavaScript。

参考代码:

```
<! DOCTYPE html >
< html >
  < head >
    < meta charset = "utf - 8">< title ></title >
    <!-- JavaScript 外联方式 -->
    < script type = "text/ javascript" src = "jsFile. js"></script >
  </head >
  < body >
    <!-- JavaScript 内嵌方式 -->
    < input type = "button" value = "点击试试" onclick = "javascript:alert( '试试就试试 ');"/>
    <!-- JavaScript 内置方式 -->
    < script type = "text/ javascript">
        alert("欢迎进入 JS 学习!") ;
    </script >
  </body >
</html >
```

jsFile. js 文件内容如下。

```
//外部 JavaScript 文件
alert("成功导入 JavaScript 文件") ;
```

注意: HTML 文档的解析顺序是自上向下,此时因为 JavaScript 代码放置的位置不同，会产生不同的运行结果。

(1) 放置在< head >标签内。由于 HTML 文档是由浏览器从上往下依次载入的，故在执行 JavaScript 代码时，由于 HTML 元素还未载入，此时是无法操作 HTML 元素的。

(2) 放置在< body >的结束标签前，可改善页面显示速度，因为脚本编译会拖慢显示。

一般情况下，建议把 JavaScript 代码放在</body >之前。如果要放置在< head >标签内，最佳解决方案是用 window 对象的 onload 事件控制 JavaScript 代码的执行时机。当网页代码加载完成时，才触发 JavaScript 运行代码。

1.6 JavaScript 代码调试

代码调试是将编写好的程序进行测试，对测试结果中出现的错误进行分析，找出原因和具体的位置，并进行纠正，这是保证代码正确性必不可少的步骤。调试 PC 端 JavaScript 代码的方式有很多种，可以通过以下方式进行。

1. 通过 Console(控制台)查看代码运行情况

专业开发人员编写代码时，需要不停调试与测试。JavaScript 代码运行后，可以切换到 Console(控制台)进行调试。打开 Google Chrome 控制台的快捷键是 F12。

假设在 file.js 源文件的末尾添加一句代码：

```
alert(a);                    //a 为变量，但没赋值
```

运行例 1-3.html 代码，在 Console 控制台就会显示对应错误的提示，如图 1-7 所示。需要注意的是，不是所有错误都能在控制台中正确显示出来。

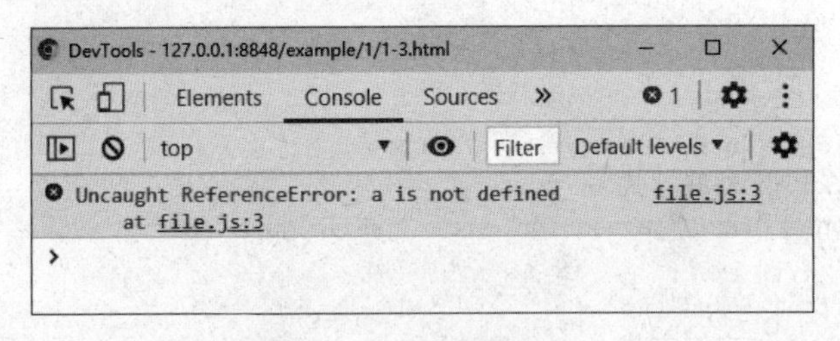

图 1-7　控制台错误提示

2. 通过 console.log()在 Console 控制台打印信息

假设在调试过程中需要查看中间过程的信息，可通过在 JavaScript 中添加 console.log(msg)语句，把输出结果显示在控制台。msg 为需要在控制台打印的信息(如变量值)。运行程序后，打开浏览器并按 F12 键，即可在控制台查看到打印的信息。

【例 1-4】 获取 id="zcool"的元素，并通过 console.log 打印该元素、元素的 href 属性以及元素的文本内容，如图 1-8 所示。

参考代码：

```
<!DOCTYPE html>
```

```
<html>
    <head><meta charset="utf-8"><title></title></head>
    <body>
        <a href="https://www.zcool.com.cn/" id="zcool">站酷</a>
        <script type="text/javascript">
            var obj = document.getElementById('zcool'); //获取 id="zcool"的元素
            console.log(obj);                           //打印该元素的信息
            console.log(obj.href);                      //输出该元素的 href 属性值
            console.log(obj.innerHTML)                  //输出该元素的文本内容
        </script>
    </body>
</html>
```

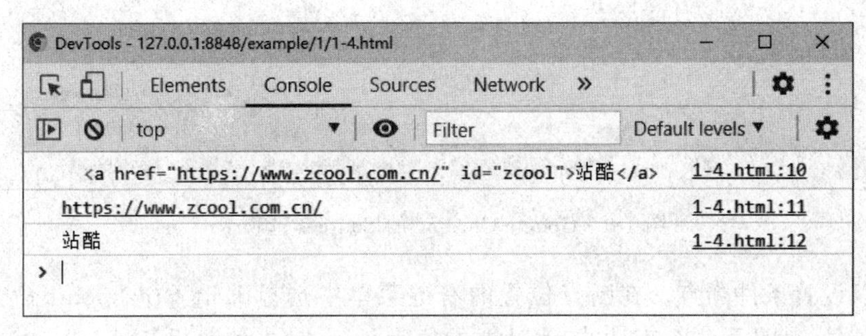

图 1-8　在控制台打印信息

3. 通过 alert 弹出窗口查看信息

alert 与 console.log 一样，alert 通过在 JavaScript 中添加 alert(msg)进行调试，msg 为需要在弹出窗口中显示的信息。

例如，例 1-4 的 JavaScript 代码可修改如下。

```
<script type="text/javascript">
    var obj = document.getElementById('zcool');
    alert(obj.href);
    alert(obj.innerHTML);
</script>
```

需要注意的是，弹窗是强制阻塞，只有关闭窗口，才能解除阻塞，因此需要谨慎使用。

4. 通过 Sources 选项卡设置断点进行程序调试

Sources 选项卡的左边是内容源，包括页面中的各种资源。中间区域展示左边资源文件的内容。右边是调试功能区，最上面的一排按钮分别是暂停/继续、单步执行、单步跳入、单步跳出、禁用/启用所有断点。下面是各种具体的功能区，如图 1-9 所示。注意，左右两边的区域默认收缩在两侧没有显示出来，单击两侧的“伸缩”按钮 可展示出来。

通过左边的内容源，打开对应的 JavaScript 文件。单击文件的行号，就可以设置和删除断点。添加的每个断点都会出现在右侧调试区的 Breakpoints 列表中，单击列表中的断点就会定位到内容区的断点上。对于每个已添加的断点都有两种状态：激活和禁用。刚添加的断点都是激活状态，禁用状态就是保留断点但临时取消该断点功能。

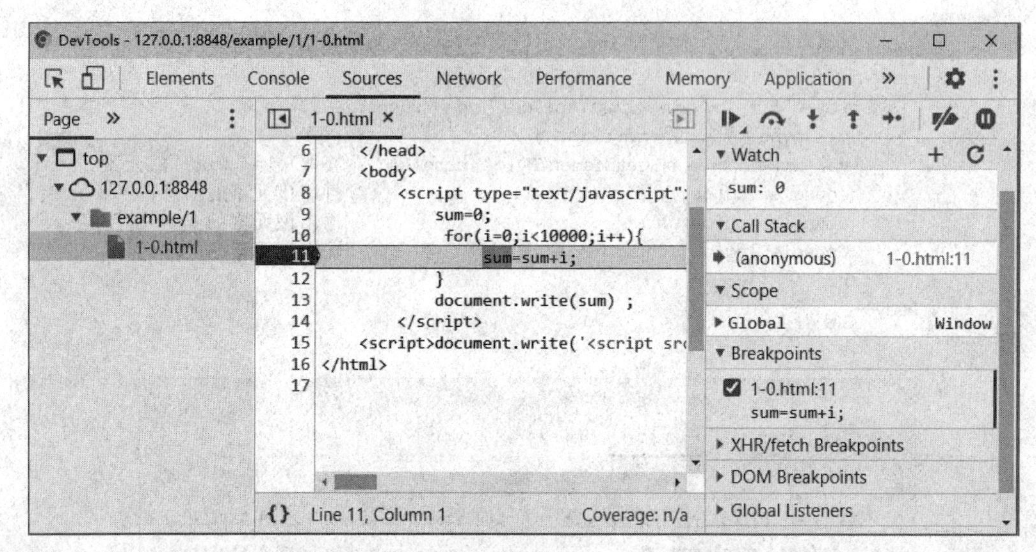

图 1-9 Google Chrome 的 Sources 选项卡

也可以设置条件断点。在断点位置的右键菜单中选择 Edit Breakpoint 命令设置触发断点的条件，就是写一个表达式，表达式的值为 true 时才触发断点。

5. 通过 Network 选项卡查看页面加载过程

查看 HTTP 请求后可得到的各个请求资源的详细信息，如状态、资源类型、大小、所用时间等，可以根据这个进行网络性能优化，如图 1-10 所示。

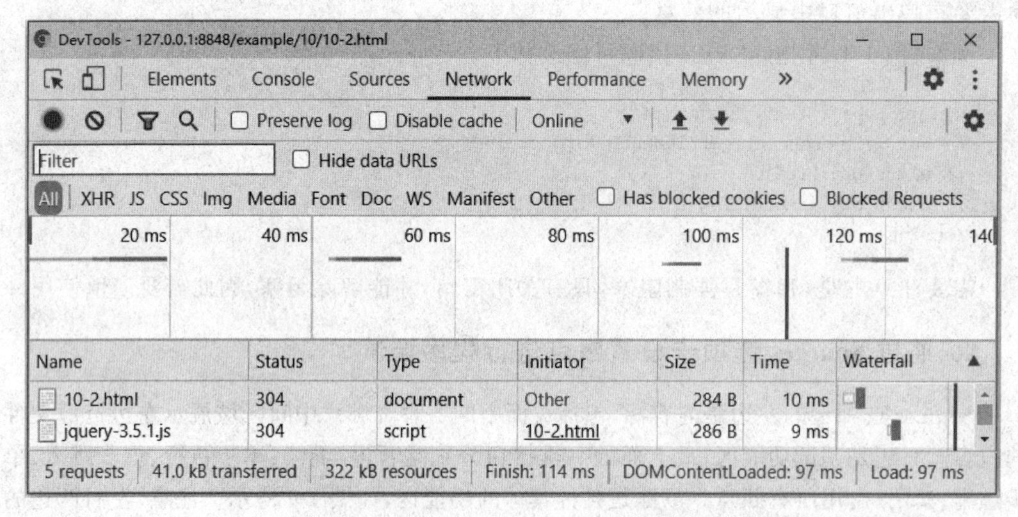

图 1-10 Google Chrome 的 Network 选项卡

但在开发移动端应用时，不像开发 PC 端那样可以在控制台中查看各种网络请求，以及打印的日志，但可以借助微信团队开发的移动端调试器 vconsole。

本章小结

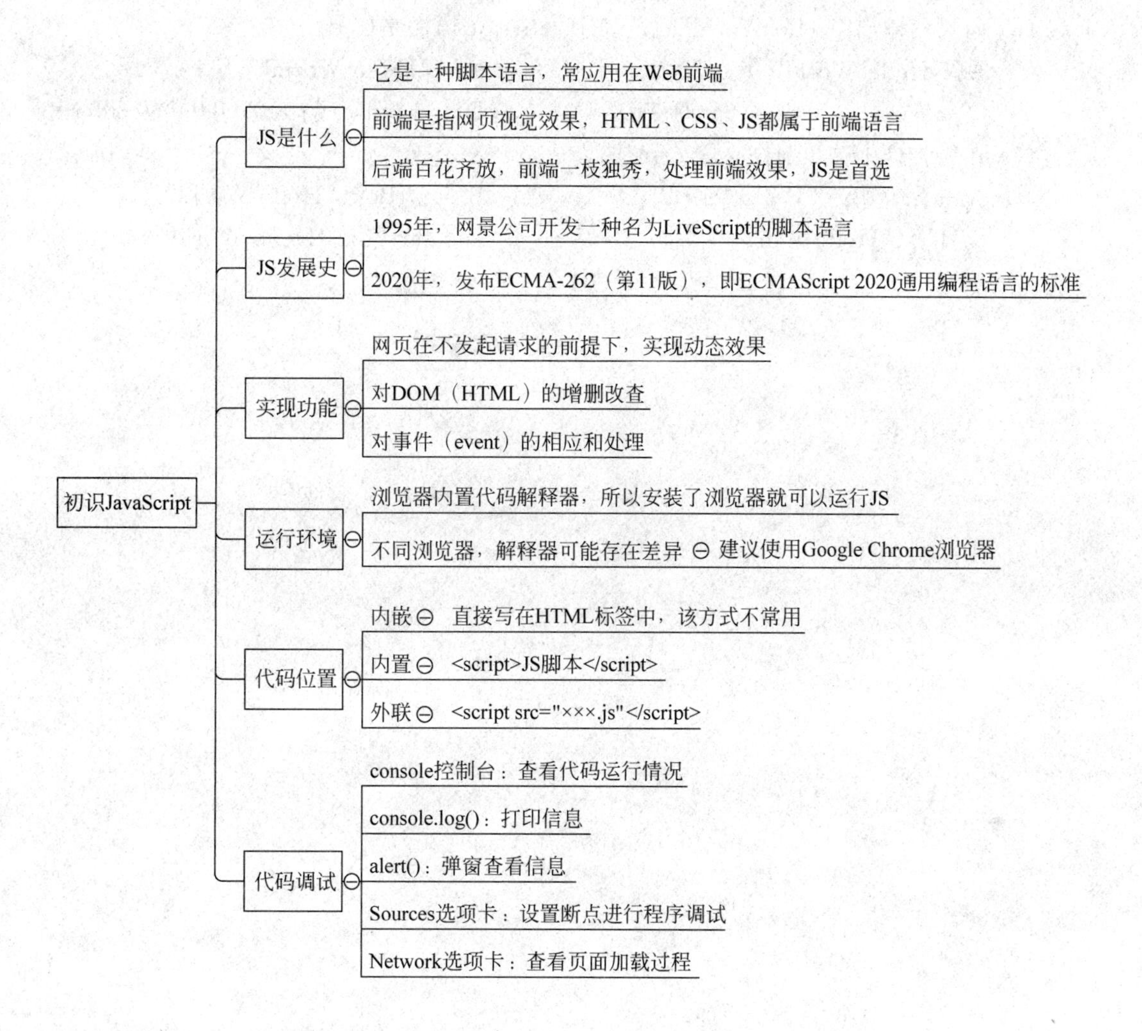

练　习　1

(1) JavaScript 是运行在(　　)的脚本语言。

A. 客户端　　　　B. 服务器端

(2) 在 HTML 代码中插入 JavaScript 脚本，需要用(　　)标签先声明一下。

A. <scripting>　　B. <javascript>　　C. <js>　　D. <script>

(3) 插入 JavaScript 脚本的正确位置是(　　)。

A. <head>标签　　B. <body>标签　　C. <head>标签、<body>标签均可

(4) 引用名为 "×××.js" 的外部脚本的正确语法是(　　)。

A. <script src="×××.js">　　B. <script href="×××.js">

C. <script name="×××.js">

(5) 在外部脚本(×××.js)中,必须包含<script>标签(　　)。

A. 是　　B. 错

(6) 向页面输出“Hello World”的正确 JavaScript 语法是(　　)。

A. "Hello World"　　B. ("Hello World")

C. document.write("Hello World")　　D. response.write("Hello World")

(7) 在警告框中输出"Hello World"的方法是(　　)。

A. alertBox="Hello World"　　B. msgBox("Hello World")

C. lert("Hello World")　　D. alertBox("Hello World")

第 2 章　JavaScript 基础知识

第 1 章介绍了什么是 JavaScript、JavaScript 发展史以及 JavaScript 代码书写方式。通过编写 JavaScript 代码，可以对 JavaScript 产生感性的认识。

本章介绍 JavaScript 基础知识：注释、变量、数据类型、数组、运算符等。

2.1　注　　释

注释是对代码的解释和说明，其目的是让人们更加轻松地理解代码。注释能提高程序代码的可读性，它不会被计算机执行。给代码标上高质量的注释是一个优秀程序员的良好习惯。

JavaScript 注释分为两种：单行注释和多行注释。

(1) 单行注释以//开始，在行末结束，例如：

```
var x = 5;                              //声明 x 并把 5 赋值给它
```

(2) 多行注释以/ * 开始，以 * /结束，例如：

```
/ *
定义一个数组
数组的长度为 5
 * /
var colors  = new Array(5);
```

2.2　变　　量

JavaScript 变量是存储数据的容器，可以存放任何类型的数据。

由于 JavaScript 是一种弱类型语言，在声明变量时，不需要指定变量的类型，变量的类型由赋给变量的值决定。

语法格式如下。

```
var 变量名;
```

其中，var 是声明变量的关键字；JavaScript 中变量的命名遵循传统的标识符命名规则，可以由数字、字母、下画线和 $ 符号组成，但首字母不能是数字，不能包含空格和其他标点符号，也不能是系统保留字，区分大小写。命名方式有小驼峰命名法(firstName)、大驼峰命名法(FirstName) 、下画线命名法(first_name)。一般变量、函数的命名采用小驼峰命名法，类的命名采用大驼峰命名法，常量采用下画线命名法。

【例 2-1】 变量的定义和使用。

参考代码：

```
<!DOCTYPE html>
<html>
    <head><meta charset="utf-8"><title></title></head>
    <body>
        <script type="text/javascript">
            var x, y = 20;
            x = 10;
            document.write("x=" + x + "<br/>");
            document.write("y=" + y + "<br/>");
        </script>
    </body>
</html>
```

运行结果如图 2-1 所示。

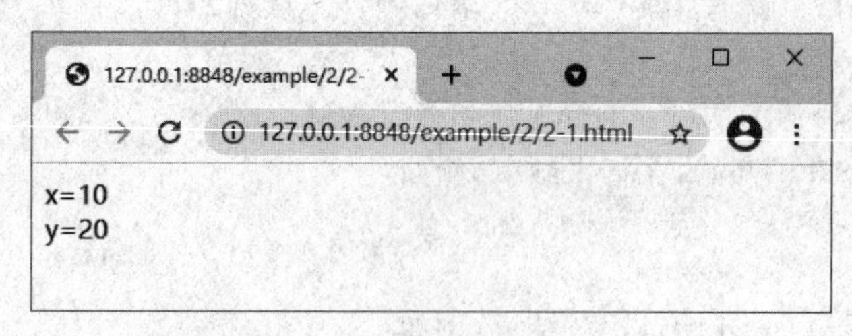

图 2-1　变量的定义与使用

代码分析：

JavaScript 变量可以先声明再赋值，也可以在声明时赋值。在示例代码中，使用关键字 var 定义了变量 x 和 y。变量 x 先声明后赋值，变量 y 在声明的同时进行了赋值。JavaScript 变量也可以不经过声明直接使用，但这种方法很容易出错，也很难排错，因此不推荐使用。

2.3 数据类型

运算是编程语言的基本功能，而计算过程就需要数据。不同类型的数据有各自不同的操作方式和不同的存储空间。JavaScript 中数据类型分两种：基本数据类型和引用数据类型。

基本数据类型（值类型）包括数值类型（number）、字符串类型（string）、布尔类型（boolean）、未定义类型（undefined）、空类型（null）和 symbol 类型（ECMAScript 6.0 中新引入数据类型）。

引用数据类型（对象类型）包括：对象（object）、数组（array）、函数（function）等。

1. 基本数据类型

1) 数值类型(number)

在 JavaScript 语言中只有一种数值类型,可以是整数,也可以是浮点数。除了数字之外,JavaScript 还有两个特殊数值 NaN 和 Infinity。NaN 表示非数字,是 not a number 的缩写;Infinity 表示无穷大的数。

2) 字符串类型(string)

在 JavaScript 中,字符串是一组用引号(单引号或双引号)引起来的文本,建议使用单引号。JavaScript 内置了 String 对象,封装字符串相关的属性和方法,为字符串处理提供便利。

获取字符串的长度:

```
stringObject.length;
```

调用字符串的方法:

```
stringObject.方法名();
```

String 对象的常用方法如表 2-1 所示。

表 2-1 String 对象的常用方法

方　法	说　明
charAt(index)	返回指定位置的字符
indexOf(str,index)	查找某个指定的字符串在字符串中首次出现的位置
substring(index1,index2)	返回从索引号 index1 开始,到 index2 之前的字符串
split(separator)	根据分隔符,把一个字符串分割成字符串数组

【例 2-2】 字符串属性、方法的使用。

参考代码:

```
<!DOCTYPE html>
<html>
    <head><meta charset="utf-8"><title></title></head>
    <body>
        <script type="text/javascript">
            var str = "This is JavaScript";
            console.log("字符串的长度:",str.length);
            console.log("字符串索引位置为 9 的字符:", str.charAt(9));
            var x1 = str.indexOf('is');
            console.log("查找'is'在字符串中首次出现的位置:", x1);
            var x2 = str.indexOf('is', 3);
            console.log("从索引 3 位置开始,查找'is'首次出现的位置:", x2);
            console.log("截取索引 8 开始到索引 12 之前的字符串:", str.substring(8, 12))
            console.log("根据分隔符将字符串切割为字符串数组:", str.split(" "));
        </script>
    </body>
</html>
```

运行结果如图 2-2 所示。

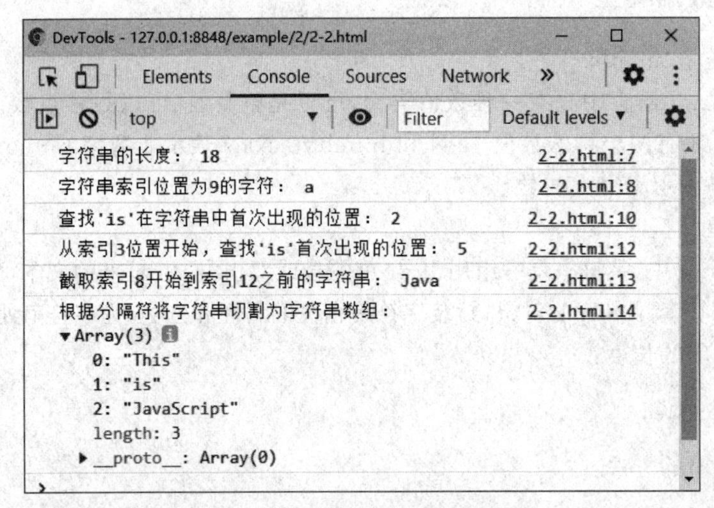

图 2-2　字符串属性、方法的使用

代码分析：

（1）console. log()方法用于在控制台中输出信息，输出的信息可以是字符串，也可以是对象。在测试过程中，需要按 F12 键打开控制台。

（2）str 是字符串类型的变量，存储的字符串是'This is JavaScript'。

（3）str. length 返回当前字符串的长度（包括空格）。

（4）str. charAt(9)可以获取索引为 9 的字符。字符串的索引从 0 开始，因此当前语句返回的字符是 a。

（5）str. indexOf('is')查找'is'字符串第一次出现的位置，str. indexOf('is', 3)从索引号 3 开始检索，查找'is'第一次出现的位置。

（6）str. substring(8, 12)获取字符串子串，截取索引号 8 开始、索引号 12 之前的字符串，子串的长度为 12－8＝4，因此，当前语句截取到的字符串为"Java"。

（7）str. split(" ")使用空格将当前字符串分割为 3 个元素的字符串数组。

3）布尔类型(boolean)

boolean 类型有两个标准值：true 和 false。布尔值经常作为关系表达式、逻辑表达式的计算结果。

4）未定义类型(undefined)

在 JavaScript 中，undefined 表示未定义的值。如果声明了变量，但没有赋值，则其值为 undefined。另外，引用不再存在的对象时，也会返回 undefined。

5）空类型(null)

Null 类型只有一个值 null。null 是一个占位符，表示一个变量已经有值，但值为空。当变量不再使用时，将变量赋值为 null，以释放存储空间。undefined 与 null 的值相同，类型不同，使用相等运算符(＝＝)比较的结果为 true，使用全等运算符(＝＝＝)比较的结果为 false。

2. 数据类型检测

在 JavaScript 中，可以使用 typeof 运算符来确定变量的类型。typeof 运算符返回变量或表达式的类型。语法格式如下。

```
typeof 变量或表达式
```

返回的结果有以下几种。

string：表示变量或者表达式的运行结果为字符串类型。

number：表示变量或者表达式的运行结果为数值类型。

boolean：表示变量或者表达式的运行结果为布尔类型。

undefined：表示变量声明了但未赋值，检测结果为未定义类型。

object：变量是空类型，或者是引用类型，如对象、函数、数组，则返回 object。

【例 2-3】 用 typeof 运算符检测数据类型。

参考代码：

```
<!DOCTYPE html>
<html>
    <head><meta charset = "utf - 8"><title></title></head>
    <body>
        <h2>typeof 检测数据类型</h2>
        <script type = "text/javascript">
            var x, y = 10, name = "Jack";
            var fruit = ["apple", "banana", "orange"];
            var person = null;
            document.write("x 的类型：" + typeof x + "<br/>");
            document.write("y 的类型：" + typeof y + "<br/>");
            document.write("name 的类型：" + typeof name + "<br/>");
            document.write("fruit 的类型：" + typeof fruit + "<br/>");
            document.write("person 的类型：" + typeof person + "<br/>");
        </script>
    </body>
</html>
```

运行结果如图 2-3 所示。

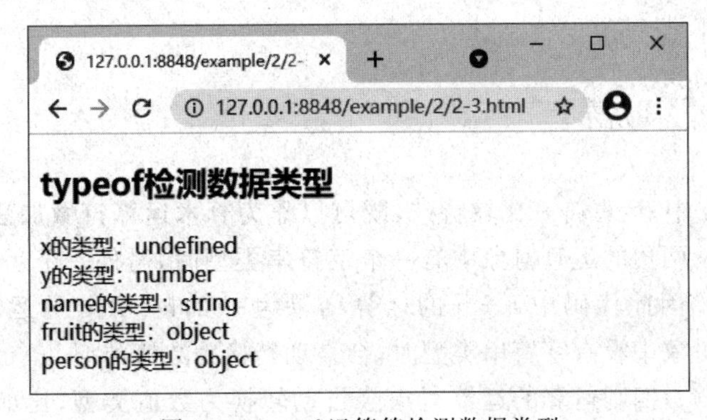

图 2-3　typeof 运算符检测数据类型

代码分析：

代码中，变量 x 声明后未赋值，则 typeof 检测返回的类型为 undefined；变量 y 声明后赋值 10，则 typeof 检测返回的类型为 number；变量 name 声明后赋值"Jack"，则 typeof 检测返回的类型为 string；变量 fruit 是有 3 个元素的数组，则 typeof 检测后返回的类型为 object；变量 person 的值为 null，则 typeof 检测返回的类型为 object。

3. 数据类型转换

在 JavaScript 表达式运算中，只有数据类型相同的数据才能进行运算。不同类型的数据在运算前需要进行类型转换。JavaScript 支持隐式类型转换和显式类型转换。

1）隐式类型转换

隐式类型转换是 JavaScript 自动完成的，在计算时，如果数据类型不一致，则会将数据转换成需要的类型。

【例 2-4】 隐式类型转换。

参考代码：

```
<!DOCTYPE html>
<html>
    <head><meta charset="utf-8"><title></title></head>
    <body>
        <script type="text/javascript">
            var a = 10;
            var b = "2";
            var flag = true;
            console.log("a+b=", a + b);
            console.log("a-b=", a - b);
            console.log("a*b=", a * b);
            console.log("a/b=", a / b);
            console.log("a+flag=", a + flag);
            console.log("b+flag=", b + flag);
            console.log("a+null=", a + null);
            console.log("a-null=", a - null);
        </script>
    </body>
</html>
```

运行结果如图 2-4 所示。

代码分析：

在 JavaScript 中，运算符＋比较特殊，既可以作为算术运算符做加法，也可以作为字符串连接符。当＋两边的运算对象中有一个字符串类型时，另外一个运算对象会自动转换为字符串类型。因此代码中 a＋b 的运算结果为 102，b＋flag 的运算结果为 2true。当＋两边的运算对象中没有字符串类型时，会自动转换为数值类型。

参与＋、－、*、/四则运算的运算对象会自动转换为数值类型，比如代码中，a＋flag 的值为 11，其中 true 转换为数值类型 1。

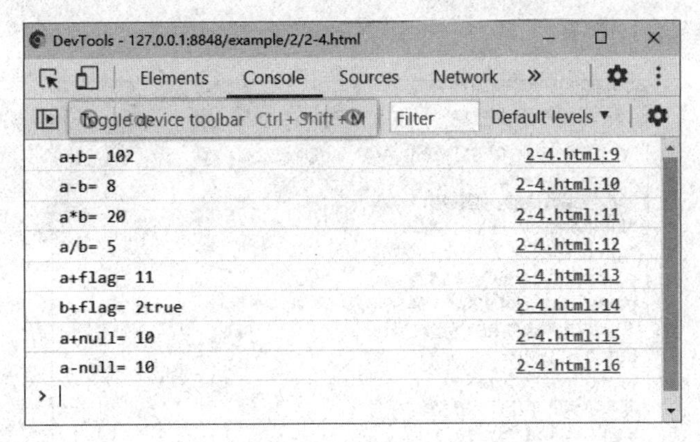

图 2-4　隐式类型转换

2）显式类型转换

显式类型转换可以通过 JavaScript 函数实现。常用的数据类型转换函数如表 2-2 所示。

表 2-2　常用的数据类型转换函数

函　数	说　明
Number(value)	返回 value 的数值型数据
parseInt(string)	解析一个字符串，并返回一个整数
parseFloat(string)	解析一个字符串，并返回一个浮点数
isNaN(value)	检查其参数是否是非数字值
String(value)	返回 value 的字符串型数据
Boolean(value)	返回 value 的布尔型数据

【例 2-5】　显式类型转换。

参考代码：

```
<!DOCTYPE html>
<html>
    <head><meta charset="utf-8"><title></title></head>
    <body>
        <script type="text/javascript">
            document.write("非数值到数值的类型转换:<br/>")
            document.write("Number('154.99'):" + Number("154.99") + "<br/>");
            document.write("Number('a154'):" + Number("a154") + "<br/>");
            document.write("parseInt('154.99'):" + parseInt('154.99') + "<br/>");
            document.write("parseFloat('154.99'):" + parseFloat('154.99') + "<br/>");
            document.write("非字符串到字符串的类型转换:<br/>");
            document.write("String(55):" + String(55) + "<br/>");
            document.write("String(true):" + String(true) + "<br/>");
            document.write("非布尔值到布尔值的类型转换:<br/>");
            document.write("Boolean(154.99):" + Boolean(154.99) + "<br/>");
            document.write("Boolean(0):" + Boolean(0) + "<br/>");
        </script>
    </body>
</html>
```

运行结果如图 2-5 所示。

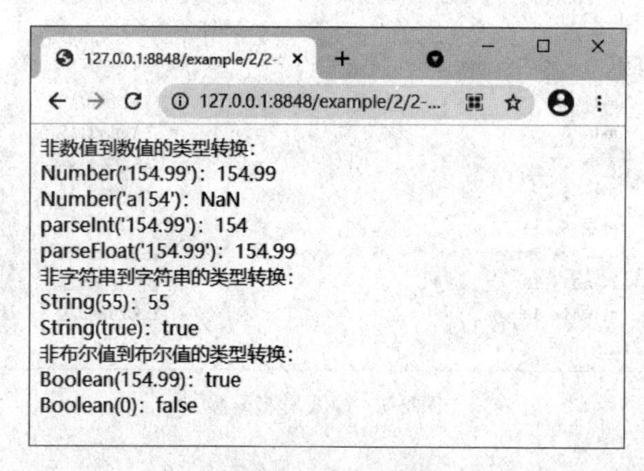

图 2-5　显式类型转换

代码分析：

Number(value)可以用于任何数据类型，当 value 是布尔值时，true 和 false 将分别返回 1 和 0；当 value 是 null 时，返回 0；当 value 是 undefined 时，返回 NaN；当 value 是字符串时，也返回 NaN；如果 value 是数值，则只是简单地传入和返回。

parseInt(string)将字符串转换为数值，如果有小数则直接舍去，这里的 string 必须是数值型的字符串，否则返回 NaN。

parseFloat(string)将 string 转换为浮点数，同样的 string 必须是数值型的字符串，否则返回 NaN。

String(value)把 value 转换成字符串类型，value 可以是任何数据类型。

Boolean(value)将 value 转换成其对应的布尔值，undefined、null、0、NaN 和空字符串转换的返回值为 false，其他的值皆为 true。

2.4　数　　组

JavaScript 中的数组使用单个的变量名来存储多个值，它用下标区分数组中的每个元素。数组的下标从 0 开始。数组必须先创建、赋值，才能访问其元素。

1. 创建数组

(1) 使用 new 关键字创建一个 Array 对象，然后向数组添加元素。

创建数组的语法格式如下。

```
new Array();
new Array(size);
new Array(element0, element1, ..., elementn);
```

其中，new 是用来创建数组的关键字，Array 表示数组的关键字。参数 size 表示数组中可存放的元素总数。参数 element，...，element*n* 是参数列表，当使用这些参数来调用

Array() 时,新创建的数组的元素就会被初始化为这些值。例如:

```
var colors = new Array(2);                //创建一个有 2 个元素的数组,保存到变量 colors 中
colors [0] = "pink";                      //给数组第一个元素赋值
colors [1] = "black";                     //给数组第二个元素赋值
```

在声明数组时,可以直接为数组赋值。例如:

```
var colors = new Array ("yellow","green","blue","red","orange" );
```

(2) 不用 new,直接用[ ]声明一个数组。

这是最简便的声明方式。例如:

```
var colors = [ ];                                          //创建空数组
var colors = ["yellow","green","blue","red","orange"];  //创建数组同时初始化赋值
```

2. 访问数组元素

可以通过数组的名称和下标直接访问数组的元素,格式如下。

```
数组名[下标]
```

如使用 colors [0]访问数组的第 1 个元素,其中 colors 是数组名,0 表示下标,编号从 0 开始。

3. 数组常用的属性和方法

JavaScript 为数组对象提供了一系列常用的属性和方法,如表 2-3 所示。

表 2-3 数组对象常用的属性和方法

类别	名称	说　明
属性	length	设置或返回数组中元素的数目
方法	join()	把数组的所有元素合成一个字符串,通过分隔符进行分隔
	sort()	对数组排序
	push()	向数组末尾添加一个或更多的元素,并返回新数组的长度

【例 2-6】 数组的应用。

参考代码:

```
<!DOCTYPE html>
<html>
    <head><meta charset = "utf - 8"><title></title></head>
    <body>
        <script type = "text/javascript">
            var colors = ["yellow", "green", "blue", "red", "orange"];
            console.log("数组长度:", colors.length);
            console.log("访问数组第 3 个元素:", colors[2]);
            console.log("数组拼接:", colors.join(' - '));
            console.log("排序前:", colors);
            colors.sort();
```

```
            console.log("排序后:", colors);
            console.log("插入后元素个数:", colors.push("pink"));
            console.log("插入元素后的结果:", colors);
        </script>
    </body>
</html>
```

运行结果如图 2-6 所示。

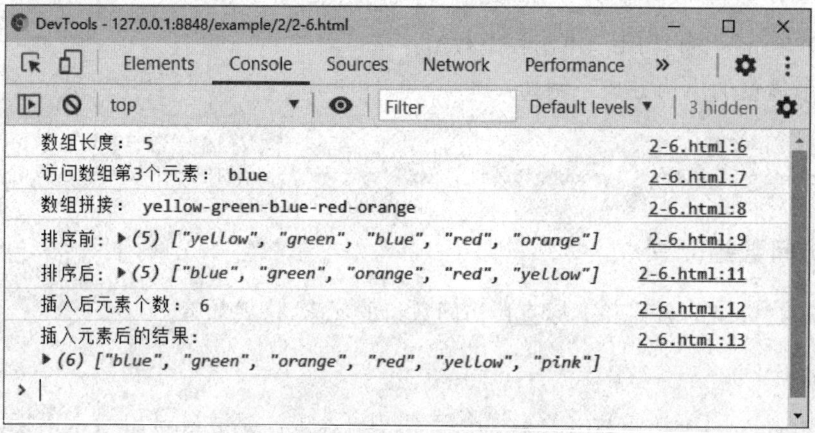

```
DevTools - 127.0.0.1:8848/example/2/2-6.html
Elements  Console  Sources  Network  Performance  »
top  Filter  Default levels ▾  3 hidden
数组长度: 5                                                    2-6.html:6
访问数组第3个元素: blue                                         2-6.html:7
数组拼接: yellow-green-blue-red-orange                          2-6.html:8
排序前: ▶(5) ["yellow", "green", "blue", "red", "orange"]       2-6.html:9
排序后: ▶(5) ["blue", "green", "orange", "red", "yellow"]       2-6.html:11
插入后元素个数: 6                                               2-6.html:12
插入元素后的结果:                                               2-6.html:13
▶(6) ["blue", "green", "orange", "red", "yellow", "pink"]
> |
```

图 2-6　数组的应用

代码分析：

数组可用[]定义，如 var colors=["yellow","green","blue","red","orange"]。

length 属性返回数组元素的个数，若 colors. length 的返回值是 5，则表示数组中有 5 个元素。

join()方法通过指定的分隔符把数组元素放在一个字符串中，colors. join('-')将数组中的元素用“-”拼接，拼接后的结果为 yellow-green-blue-red-orange。

sort()方法对数组中的数据进行排序，如用 colors. sort()排序后，数组元素按字母顺序排序。

push()方法向数组末尾添加一个或多个元素，并返回新的数组长度。若 colors. push("pink")的返回值是 6，添加新元素后的数组为["blue","green","orange","red","yellow","pink"]。

2.5　运　算　符

运算符是完成计算或操作的一系列符号，也称为操作符。在 JavaScript 中，常用的运算符包括算术运算符、比较运算符、逻辑运算符、赋值运算符和条件运算符。

1. 算术运算符

算术运算符通常用于基本的数学运算，如加、减、乘、除等。JavaScript 中常用的算术运算符如表 2-4 所示。

表 2-4 算术运算符

运算符	说　明
＋	加法运算符
－	减法运算符
*	乘法运算符
/	除法运算符
%	求余运算符
＋＋	自增运算符(使变量自身的值加 1)
－－	自减运算符(使变量自身的值减 1)
()	括号运算符,可以改变运算的优先级

由算术运算符和操作数组成的表达式称为算术表达式。算术表达式按照算术运算符优先级由高到低进行运算。同级运算符从左到右进行运算。

【例 2-7】 算术运算符的使用。

参考代码:

```
<!DOCTYPE html>
<html>
    <head><meta charset = "utf - 8"><title></title></head>
    <body>
        <h2>算术运算符</h2>
        <script type = "text/javascript">
            var a = 20, b = 10, c = 0.1, d = 0.2;
            document.write("a + b = " + a + b + "<br/>");
            document.write("a + b = " + (a + b) + "<br/>");
            document.write("a - b = " + (a - b) + "<br/>");
            document.write("a * b = " + (a * b) + "<br/>");
            document.write("a/b = " + (a / b) + "<br/>");
            document.write("a++ = " + (a++) + "<br/>");
            document.write("++b = " + (++b) + "<br/>");
            document.write("c + d = " + (c + d) + "<br/>");
        </script>
    </body>
</html>
```

运行结果如图 2-7 所示。

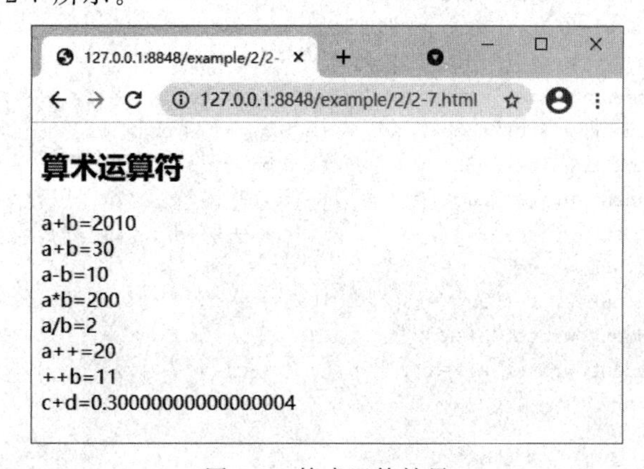

图 2-7 算术运算结果

代码分析：

同级运算符从左到右进行运算。例如，对表达式("a+b=" + a + b + "<br/>")，先计算"a+b=" + a，再加 b，最后加"
"。如果字符串与数字的混合运算，数字隐式转换为字符串，所以表达式的最终运算结果为 2010。表达式 a++先返回变量 a 的值再加 1，表达式++b 先加 1 再返回值，因此输出 a++=20，++b=11。JavaScript 中浮点数在运算中存在精度问题，比如 0.1+0.2 返回的值是 0.30000000000000004，可以使用 toFixed()方法进行四舍五入降低精度。

2. 比较运算符

比较运算符可以对两个数据进行比较，根据结果返回布尔值，主要应用在条件判断语句。JavaScript 中常用的比较运算符如表 2-5 所示。

表 2-5 比较运算符

运算符	说　明
<	小于，左侧数据小于右侧数据返回 true，否则返回 false
>	大于，左侧数据大于右侧数据返回 true，否则返回 false
<=	小于或等于，左侧数据小于或等于右侧数据返回 true，否则返回 false
>=	大于或等于，左侧数据大于或等于右侧数据返回 true，否则返回 false
==	恒等于，判断运算符两侧数据是否相等，相等返回 true，否则返回 false
===	绝对等于，判断运算符两侧值和类型是否相等，全等返回 true，否则返回 false
!=	不等于，与==成反运算
!==	不全等，与===成反运算

【例 2-8】 比较运算符的使用。

参考代码：

```
<!DOCTYPE html>
<html>
    <head><meta charset="utf-8"><title></title></head>
    <body>
        <script type="text/javascript">
            var a = 11,b = 33,c = "11";
            document.write("<h1>比较运算符:</h1>");
            document.write("a="+a+", b="+b+", c='"+c+"'<br/>");
            document.write("a&gt;b : " + (a > b) + "<br/>");
            document.write("a&lt;b : " + (a < b) + "<br/>");
            document.write("a&gt;=b : " + (a >= b) + "<br/>");
            document.write("a&lt;=b : " + (a <= b) + "<br/>");
            document.write("a==c : " + (a == c) + "<br/>");
            document.write("a===c : " + (a === c) + "<br/>");
            document.write("a!=c : " + (a != c) + "<br/>");
            document.write("a!==c : " + (a !== c) + "<br/>");
        </script>
    </body>
</html>
```

运行结果如图 2-8 所示。

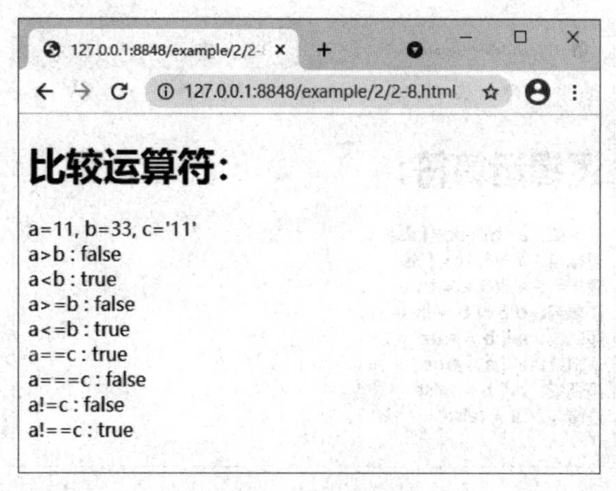

图 2-8　比较运算结果

代码分析：

==在比较时可以转换数据类型，a == c 的返回结果是 true。===比较时，当数据值与类型都一致时，才返回 true。例 2-8 中，变量 a 和 c 的数据类型不同，因此 a===c 返回 false。

3. 逻辑运算符

逻辑运算符用于布尔值之间的逻辑运算，返回结果也是一个布尔值。逻辑运算符有 3 种：逻辑与(&&)、逻辑或(||)和逻辑非(!)。

【例 2-9】　逻辑运算符的使用。

参考代码：

```
<!DOCTYPE html>
<html>
    <head><meta charset="utf-8"><title></title></head>
    <body>
        <script type="text/javascript">
            var a = true,b = false;
            document.write("<h1>逻辑运算符:</h1>");
            document.write("初始值:a=" + a + ", b=" + b + "<br/>");
            document.write("逻辑与:a && b = " + (a && b) + "<br/>");
            document.write("逻辑与:a && a = " + (a && a) + "<br/>");
            document.write("逻辑与:b && b = " + (b && b) + "<br/>");
            document.write("逻辑或:a || b = " + (a || b) + "<br/>");
            document.write("逻辑或:a || a = " + (a || a) + "<br/>");
            document.write("逻辑或:b || b = " + (b || b) + "<br/>");
            document.write("逻辑非:!a = " + (!a) + "<br/>");
        </script>
    </body>
</html>
```

运行结果如图 2-9 所示。

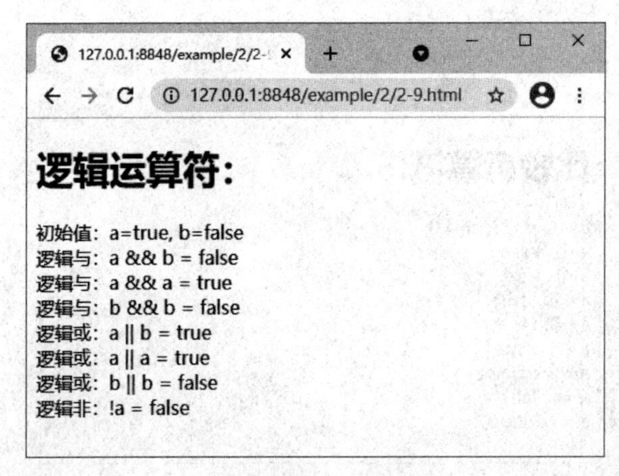

图 2-9　逻辑运算结果

代码分析：

根据运行结果可以发现，&& 两边的值都是 true 时，返回 true，否则返回 false；||两边的值只要有一个 true 就返回 true，两个值都是 false 时返回 false；！返回变量相反的布尔值。

4. 赋值运算符

赋值运算符的作用是将一个数据赋值给一个变量。赋值运算符还可以和算术运算符组合形成复合赋值运算符。复合赋值运算符先运算、后赋值，简化程序的书写，提高运算效率。JavaScript 中常用的赋值运算符如表 2-6 所示。

表 2-6　常用的赋值运算符

运算符	说　明
=	将右边表达式的值赋给左边的变量
+=	将运算符左侧的变量加上右侧表达式的值赋给左侧变量
-=	将运算符左侧的变量减去右侧表达式的值赋给左侧变量
*=	将运算符左侧的变量乘以右侧表达式的值赋给左侧变量
/=	将运算符左侧的变量除以右侧表达式的值赋给左侧变量
%=	将运算符左侧的变量用右侧表达式的值求模

【例 2-10】 赋值运算符的使用。

参考代码：

```
<!DOCTYPE html>
<html>
    <head><meta charset = "utf-8"><title></title></head>
    <body>
        <script type = "text/javascript">
            a = 5
            document.write("a = 5");
            document.write("<br/>")
```

```
            a += 2                                      //等价 a = a + 2,a = 7
            document.write("a += 2 运行结果:a = " + a);
            document.write("<br/>")
            a -= 2                                      //等价 a = a - 2,a = 7 - 2 = 5
            document.write("a -= 2 运行结果:a = " + a);
            document.write("<br/>")
            a * = 2                                     //等价 a = a * 2,a = 5 * 2 = 10
            document.write("a * = 2 运行结果:a = " + a);
            document.write("<br/>")
            a/ = 5                                      //等价 a = a/5,a = 10/5 = 2
            document.write("a/ = 2 运行结果:a = " + a);
            document.write("<br/>")
            a % = 3                                     //等价 a = a % 3,a = 2 % 3 = 2
            document.write("a % = 3 运行结果:a = " + a);
        </script>
    </body>
</html>
```

运行结果如图 2-10 所示。

5. 条件运算符

条件运算符是三元运算符,基于某些条件对变量进行赋值,语法格式如下。

```
判断条件 ? 值 1 : 值 2
```

【例 2-11】 条件运算符的使用。

参考代码:

```
<! DOCTYPE html>
<html>
    <head><meta charset = "utf - 8"><title></title></head>
    <body>
        <script type = "text/javascript">
            var age = 12;
            document.write("age = " + age + "," + ((age >= 18)?"大人" : "小孩") + "<br/>");
            age = 28;
            document.write("age = " + age + "," + ((age >= 18)?"大人" : "小孩") + "<br/>");
        </script>
    </body>
</html>
```

运行结果如图 2-11 所示。

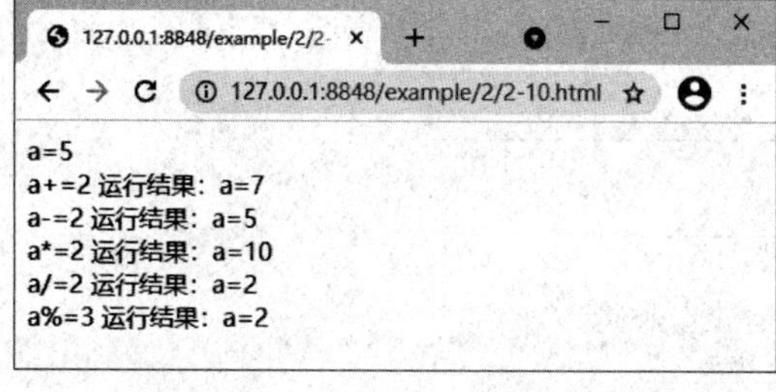

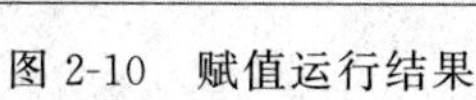
图 2-10　赋值运行结果

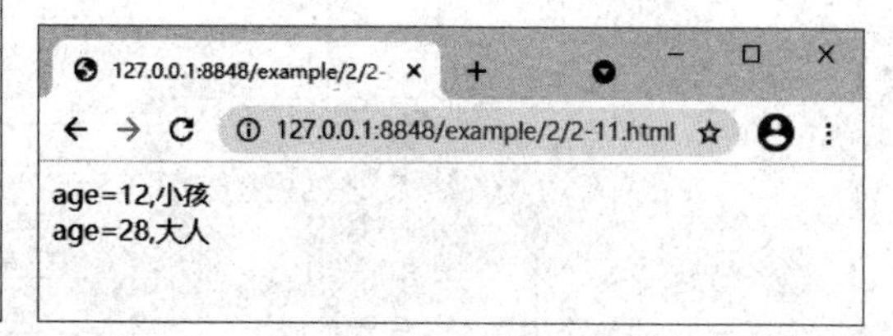

图 2-11　条件运行结果

本 章 小 结

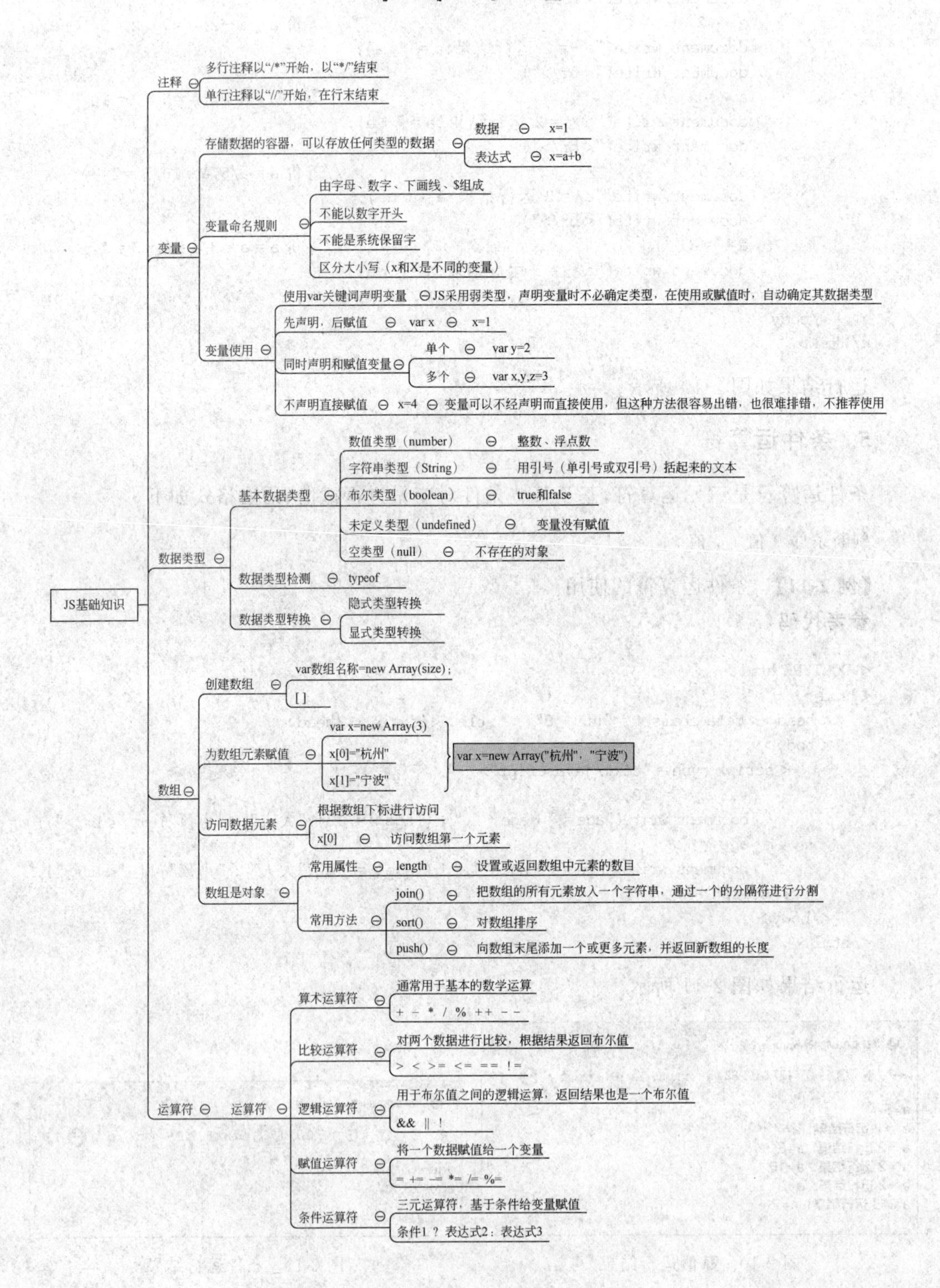
JS基础知识
注释
多行注释以“/*”开始，以“*/”结束
单行注释以“//”开始，在行末结束
变量
存储数据的容器，可以存放任何类型的数据
数据
x=1
表达式
x=a+b
变量命名规则
由字母、数字、下画线、$组成
不能以数字开头
不能是系统保留字
区分大小写（x和X是不同的变量）
变量使用
使用var关键词声明变量
JS采用弱类型，声明变量时不必确定类型，在使用或赋值时，自动确定其数据类型
先声明，后赋值
var x
x=1
同时声明和赋值变量
单个
var y=2
多个
var x,y,z=3
不声明直接赋值
x=4
变量可以不经声明而直接使用，但这种方法很容易出错，也很难排错，不推荐使用
数据类型
基本数据类型
数值类型（number）
整数、浮点数
字符串类型（String）
用引号（单引号或双引号）括起来的文本
布尔类型（boolean）
true和false
未定义类型（undefined）
变量没有赋值
空类型（null）
不存在的对象
数据类型检测
typeof
数据类型转换
隐式类型转换
显式类型转换
数组
创建数组
var数组名称=new Array(size);
[]
为数组元素赋值
var x=new Array(3)
x[0]="杭州"
x[1]="宁波"
var x=new Array("杭州", "宁波")
访问数据元素
根据数组下标进行访问
x[0]
访问数组第一个元素
数组是对象
常用属性
length
设置或返回数组中元素的数目
常用方法
join()
把数组的所有元素放入一个字符串，通过一个的分隔符进行分割
sort()
对数组排序
push()
向数组末尾添加一个或更多元素，并返回新数组的长度
运算符
运算符
算术运算符
通常用于基本的数学运算
+ - * / % ++ --
比较运算符
对两个数据进行比较，根据结果返回布尔值
> < >= <= == !=
逻辑运算符
用于布尔值之间的逻辑运算，返回结果也是一个布尔值
&& || !
赋值运算符
将一个数据赋值给一个变量
= += -= *= /= %=
条件运算符
三元运算符，基于条件给变量赋值
条件1 ? 表达式2：表达式3

练　习　2

(1) 在 JavaScript 中正确添加注释的是(　　)。

A. 'This is a comment

B. <!--This is a comment-->

C. //This is a comment

(2) 可插入多行注释的 JavaScript 方法是(　　)。

A. /* This comment has more than one line */

B. //This comment has more than one line//

C. <!--This comment has more than one line-->

(3) 定义 JavaScript 数组的正确方法是(　　)。

A. var txt = new Array="George","John","Thomas"

B. var txt = new Array(1: "George",2: "John",3: "Thomas")

C. var txt = new Array("George","John","Thomas")

D. var txt = new Array: 1=("George")2=("John")3=("Thomas")

(4) 下列系统函数中,(　　)可以判断是否是非数字的函数。

A. isNaN　　B. parseInt

C. parseFloat　　D. function

(5) 以下不属于 JavaScript 中提供的常用数据类型是(　　)。

A. underfined　　B. null

C. number　　D. Connection

(6) 以下 JavaScript 代码段的输出结果是(　　)。

```
var x = new Array(5);
x[1] = 1;
x[2] = 2;
document.write(x.length)
```

A. 2　　B. 3　　C. 4　　D. 5

(7) 在 JavaScript 中,将字符串"123"转换成数值 123 的正确方法是(　　)。

A. var str="123"; var num=(int)str;

B. var str="123"; var num=str.parseInt(str);

C. var str="123"; var num= parseInt(str);

D. var str="123"; var num= Integer.parseInt(str);

(8) 在 JavaScript 中,执行以下代码后,num 的值是(　　)。

```
var str = "xiao.wu@gmail.com"
var num = str.indexOf(".")
```

A. −1　　B. 0　　C. 4　　D. 13

(9) 以下 JavaScript 代码的运行结果是(　　)。

```
var course = [ 'Java', 'JSP', 'Python', 'An'];
course[10] = 'jQuery ';
course.push( 'PHP');
console.log(course.length);
```

A. 0　　B. 6　　C. 11　　D. 12

(10) 以下 JavaScript 脚本的类型转换中说法正确的是(　　)。

A. parseInt("66.6s") 返回值 66

B. parseInt("66.6s") 返回值 NaN

C. parseFloat("66ss36.8id") 返回值 8

D. parseFloat("66ss36.8id")返回值 66368

第3章　控制语句

在 JavaScript 中，逻辑控制语句用于控制程序的执行顺序，分为条件结构和循环结构。

3.1　条件语句

JavaScript 条件判断语句主要包括 if 语句、if-else 语句、if-else if-else 语句和 switch 语句。

1. if 语句

if 语句是最简单的条件判断语句。

语法格式如下。

```
if(表达式){
    //JavaScript 语句;
}
```

表达式返回布尔值，当值是 true 时，执行 JavaScript 语句，否则跳过 JavaScript 语句继续向下执行。

【例 3-1】　if 条件判断。

参考代码：

```
<!DOCTYPE html>
<html>
    <head><meta charset="utf-8"><title></title></head>
    <body>
        <script type="text/javascript">
            var password = "hello";
            if (password.length < 6) {
                alert("密码长度不足 6 位,请重新设置!");
            }
        </script>
    </body>
</html>
```

运行结果如图 3-1 所示。

代码分析：

alert()方法用于显示带有一条指定消息和一个确认按钮的对话框。

password.length < 6 判断 password 字符串的长度是否小于 6 位，当长度小于 6 位

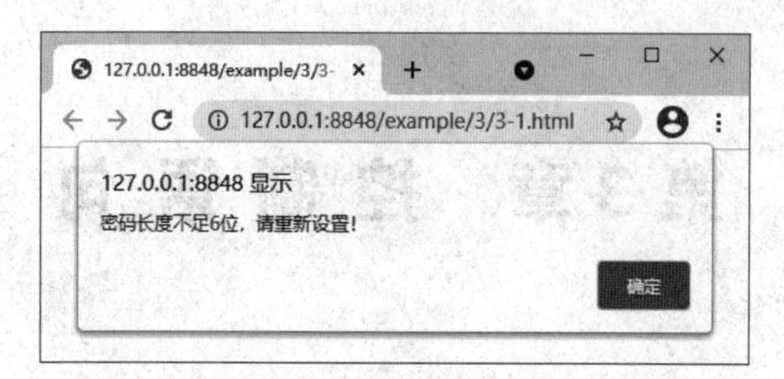

图 3-1 if 语句运行结果

时,执行 alert()方法,弹出对话框。

2. if-else 语句

if-else 语句比 if 语句多一种情况。

语法格式如下。

```
if(表达式){
    //JavaScript 语句 1
}
else{
    //JavaScript 语句 2
}
```

表达式返回值为 true 时,执行 JavaScript 语句 1; 否则执行 JavaScript 语句 2。

【例 3-2】 if-else 条件判断。

参考代码:

```
<!DOCTYPE html>
<html>
    <head><meta charset = "utf-8"><title></title></head>
    <body>
        <script type = "text/javascript">
            var score = prompt("请输入你的成绩:");
            if (score >= 60) {
                alert("恭喜你!成功通过了考试!");
            } else {
                alert("很遗憾,继续努力!");
            }
        </script>
    </body>
</html>
```

运行结果如图 3-2 所示。

代码分析:

prompt()方法会弹出一个提示框,用于等待用户输入的数据,返回值类型为字符型。当 score >= 60 进行比较运算时,字符数据先自动转换成数字,然后跟 60 比较。如果返回值是 true,则对话框中显示“恭喜你! 成功通过了考试!”; 否则显示“很遗憾,继续努力!”。

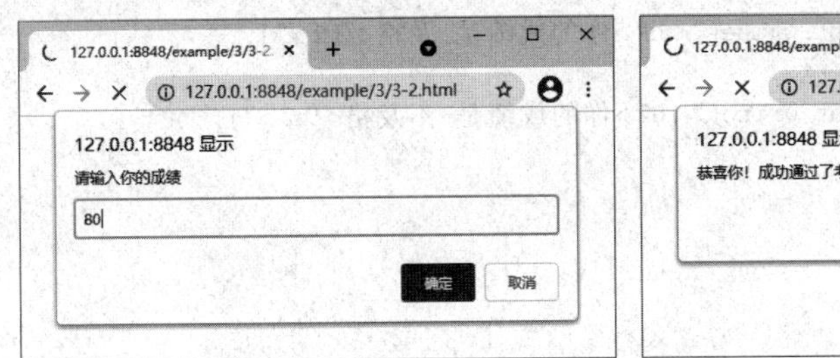

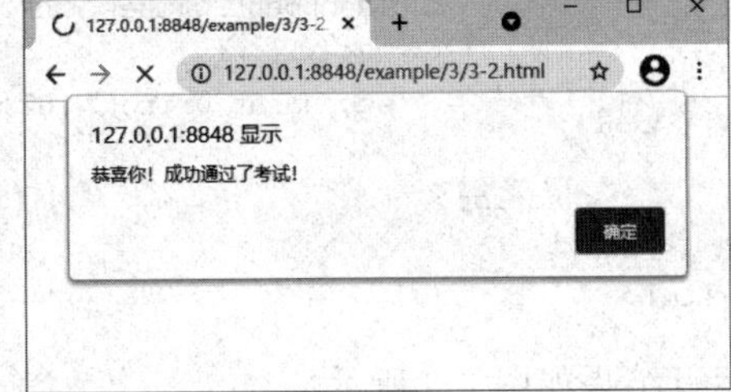

图 3-2　if-else 条件判断运行过程

3. if-else if-else 语句

if-else if-else 语句用于需要判断多个条件的情况，每个条件对应一段程序。

语法格式如下。

```
if(表达式 1){
    //JavaScript 语句 1
}
else if(表达式 2){
    //JavaScript 语句 2
}
else if
    …
else{
    //JavaScript 语句 n
}
```

if-else if-else 语句首先会执行表达式 1，如果表达式 1 返回 true，执行 JavaScript 语句 1，然后直接跳出这个条件结构，JavaScript 语句 2～JavaScript 语句 n 等都不会被执行。如果表达式 1 返回 false，表达式 2 将会被判断。以此类推，表达式 1～表达式$n-1$都返回 false 时，执行 else 后的 JavaScript 语句 n。

【例 3-3】　使用 if-else if-else 语句实现将百分制成绩转换为五级制成绩，即成绩>=90：优秀；成绩>=80：良好；成绩>=70：中等；成绩>=60：及格；成绩<60：不及格。

参考代码：

```
<!DOCTYPE html>
<html>
    <head><meta charset = "utf-8"><title></title></head>
    <body>
        <script type = "text/javascript">
            var score = prompt("请输入你的成绩");
                if (score >= 90) {
                    document.write("<h2>你的成绩是:优秀</h2>");
                } else if (score >= 80) {
                    document.write("<h2>你的成绩是:良好</h2>");
                } else if (score >= 70) {
                    document.write("<h2>你的成绩是:中等</h2>");
                } else if (score >= 60) {
```

```
                document.write("< h2 >你的成绩是:及格</h2 >");
            } else {
                document.write("< h2 >你的成绩是:不及格</h2 >");
            }
        </script >
    </body >
</html >
```

运行结果如图 3-3 所示。

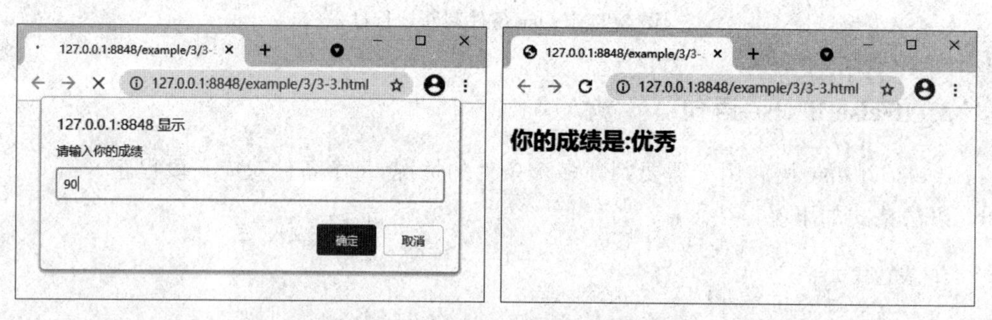

图 3-3　百分制成绩转换为五级制成绩

4. switch 语句

switch 语句将表达式与一组数据进行比较,当表达式与所列数据相等时,执行相应的代码块。

语法格式如下。

```
switch (表达式) {
    case 常量 1:
        //JavaScript 语句 1;
        break;
    case 常量 2:
        //JavaScript 语句 2;
        break;
        ...
    default:
        默认语句;
}
```

当判断条件多于 3 个时,就可以使用 switch 语句,这样可以使程序的结构更加清晰。switch 语句根据一个变量的不同取值执行不同的语句。在执行 switch 语句时,表达式将从上往下与每个 case 语句后的常量做比较。如果相等,则执行该 case 语句后的 JavaScript 语句,如果没有一个 case 语句的常量与表达式的值相等,则执行默认语句。

【例 3-4】　使用 switch 语句进行判断。

参考代码:

```
<! DOCTYPE html >
< html >
    < head >< meta charset = "utf - 8">< title ></title ></head >
```

```
    <body>
        <script type="text/javascript">
            var weekday = prompt("请输入今天是星期几");
            switch (weekday) {
              case "星期一":
                  document.write("周一,新的开始...");
                  break;
              case "星期二":
              case "星期三":
              case "星期四":
                  document.write("离周末还有好多天,好好努力吧!");
                   break;
              case "星期五":
                 document.write("终于到周末了!");
                 break;
              default:
                  document.write("你输入的是星期几?");
                  break;
            }
        </script>
    </body>
</html>
```

运行结果如图 3-4 所示。

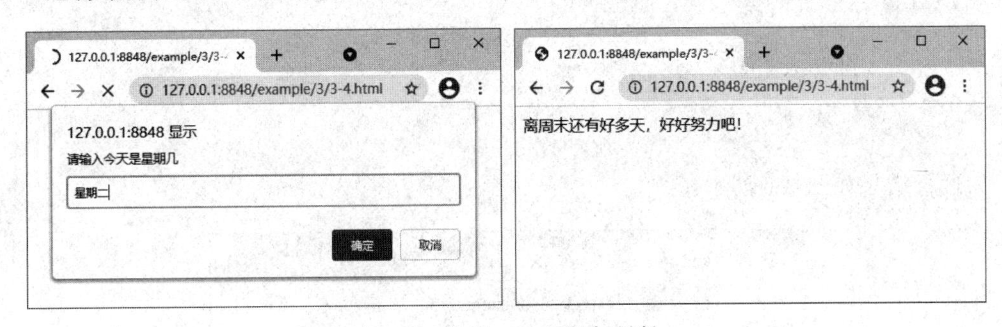

图 3-4　使用 switch 语句判断

代码分析：

switch 语句中用于判断的表达式的值可以是数值、布尔值和字符串。本实例中用于判断的表达式是字符串类型。

根据判断执行相应的 case 语句块，如果代码中有 break 语句则跳出 switch 语句，如果没有则顺序执行下一个 case 语句块。本实例中，如果输入的是“星期二”，则会顺序执行“星期二”“星期三”“星期四”对应的语句块，输出“离周末还有好多天，好好努力吧!”后，执行 break 语句跳出 switch 语句。

3.2　循环语句

JavaScript 中的循环控制语句主要包括 while 循环、do-while 循环、for 循环、for-in 循环以及特殊命令 break、continue。

1. while 循环

语法格式如下。

```
while(条件)
{
    //JavaScript 语句;
}
```

while 循环语句的特点是先判断后执行，当条件为真时，就执行 JavaScript 语句；相反，当条件为假时，则退出循环。

【例 3-5】 使用 while 语句输出递增的数字序列。

参考代码：

```
<!DOCTYPE html>
<html>
    <head><meta charset="utf-8"><title></title></head>
    <body>
        <script type="text/javascript">
            var i = 1;
            while (i <= 10) {
                document.write(i + " ");
                i++;
            }
        </script>
    </body>
</html>
```

运行结果如图 3-5 所示。

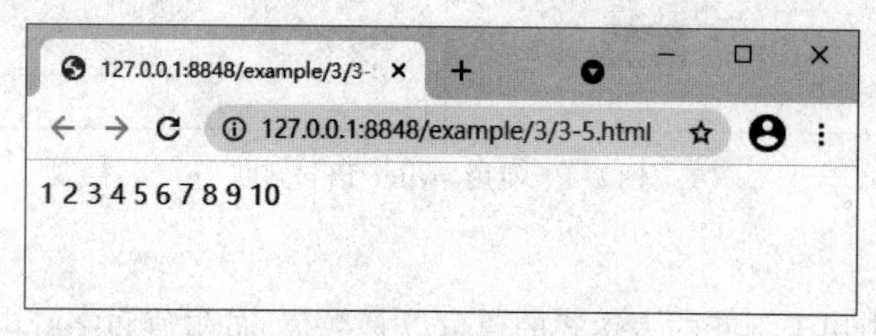

图 3-5　while 循环

代码分析：

示例中定义的 i 是循环变量，初始值为 1，每次执行完循环体，i 的值加 1，直到 i 的值大于 10 才结束循环。

2. do-while 循环

语法格式如下。

```
do {
    //JavaScript 语句;
}while(条件);
```

do-while 循环语句表示反复执行 JavaScript 语句，直到条件为假时才退出循环，与 while 循环语句的区别在于，do-while 循环语句先执行后判断。

【例 3-6】　使用 do-while 语句输出递增的数字序列。

参考代码：

```
<!DOCTYPE html>
<html>
    <head><meta charset="utf-8"><title></title></head>
    <body>
        <script type="text/javascript">
            var i = 1;
            do {
                document.write(i + " ");
                i++;
            } while (i <= 10)
        </script>
    </body>
</html>
```

运行结果如图 3-6 所示，与 while 循环的输出结果是一致的。

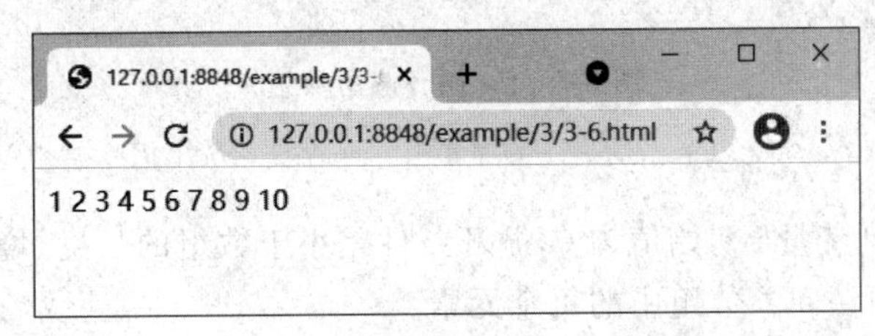

图 3-6　do-while 循环

代码分析：

例 3-6 的运行结果与例 3-5 是一致的，但 do-while 循环与 while 循环的区别是先执行再判断，这就意味着不管条件是否符合，do-while 循环至少执行一次。

3. for 循环

语法格式如下。

```
for(初始化;条件;增量)
{
    //JavaScript 语句;
}
```

其中，初始化参数设置循环变量的初始值；条件是用于判断循环终止时的条件，若满足条件，则继续执行循环体中的语句，否则跳出循环；增量或减量用于定义循环控制变量在每次循环时如何变化。在 3 个条件之间，必须使用分号(;)隔开。

【例 3-7】　使用 for 循环遍历数组元素。

参考代码：

```
<!DOCTYPE html>
```

```
<html>
    <head><meta charset="utf-8"><title></title></head>
    <body>
        <script type="text/javascript">
            var colors = new Array("yellow", "green", "blue", "red", "orange");
            for (var i = 0; i < colors.length; i++) {
                document.write(colors[i] + "<br/>");
            }
        </script>
    </body>
</html>
```

运行结果如图 3-7 所示。

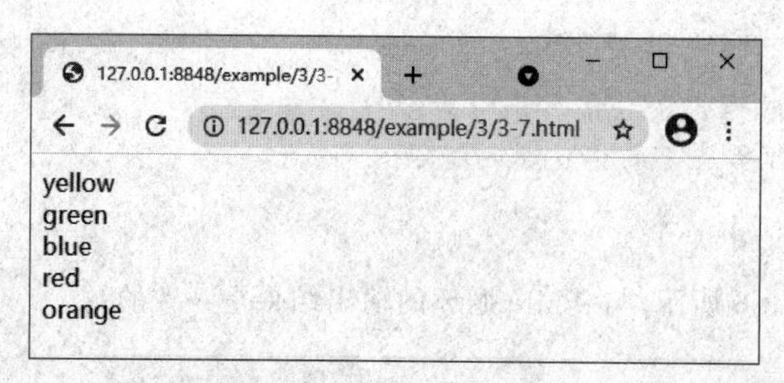

图 3-7　for 循环遍历数组

代码分析：

示例中循环控制变量 i 初始值为 0，循环条件是小于数组的长度，增量自动累加 1，这样通过 for 循环遍历访问了数组中的每个元素。

4. for-in 循环

for-in 循环常用于数组或对象的遍历。

语法格式如下。

```
for(变量 in 对象){
    //JavaScript 语句;
}
```

其中，"变量"可以是数组元素，也可以是对象。

【例 3-8】 使用 for-in 循环遍历数组元素。

参考代码：

```
<!DOCTYPE html>
<html>
    <head><meta charset="utf-8"><title></title></head>
    <body>
        <script type="text/javascript">
            var colors = new Array("yellow", "green", "blue", "red", "orange");
            for (var i in colors) {
                document.write(colors[i] + "<br/>");
            }
```

```
        </script>
    </body>
</html>
```

运行结果与例 3-7 相同,如图 3-8 所示。

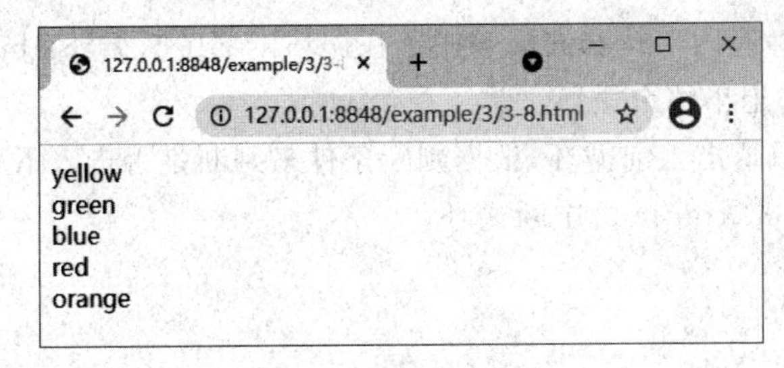

图 3-8　for-in 循环遍历数组

【例 3-9】 使用 for-in 遍历 JS 对象。

参考代码:

```
<!DOCTYPE html>
<html>
    <head><meta charset="utf-8"><title></title></head>
    <body>
        <script type="text/javascript">
            var student = {
                name: "张三",
                sex: "男",
                age: 21,
                phone: "13857474113"
            };
            for (key in student) { //获取对象的属性名并保存到变量 key 中
                document.write(key + " : " + student[key] + "<br/>");
            }
        </script>
    </body>
</html>
```

运行结果如图 3-9 所示。

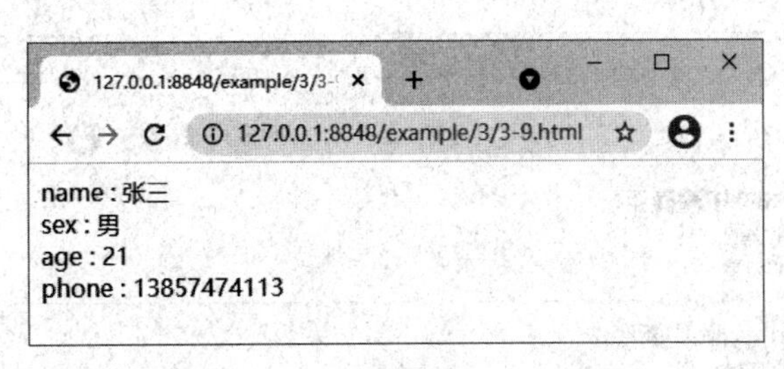

图 3-9　for-in 循环遍历 JS 对象

代码分析:

JSON 是一种轻量级的数据交换格式。JSON 对象由“键(key)/值(value)”对组成,例 3-9 中的 student 是类似于 JSON 的 JS 对象。

在 for-in 循环中,key 遍历 student 对象中所有属性,并通过属性名输出对应的属性值。

5. 中断循环

在 JavaScript 中,有两个特殊的语句用于在循环内部中断循环：break 和 continue。

(1) break：立即退出整个循环。

(2) continue：只退出当前循环,根据判断条件来判断是否进入下一次循环。

【例 3-10】 break、continue 中断循环。

参考代码：

```
<!DOCTYPE html>
<html>
    <head><meta charset="utf-8"><title></title></head>
    <body>
        <script type="text/javascript">
            document.write("break 中断操作:<br/>");
            for (var i = 0; i < 5; i++) {
                if (i == 2) {
                    break;
                }
                document.write("数字是:" + i + "<br/>");
            }
            document.write("<hr/>");
            document.write("continue 中断操作:<br/>");
            for (var i = 0; i < 5; i++) {
                if (i == 2) {
                    continue;
                }
                document.write("数字是:" + i + "<br/>");
            }
        </script>
    </body>
</html>
```

运行结果如图 3-10 所示。

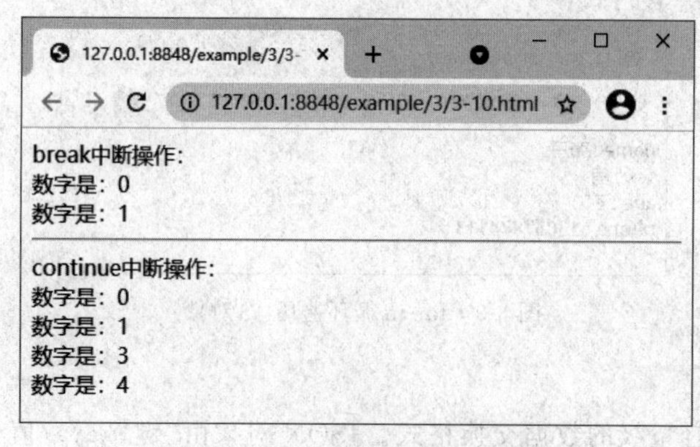

图 3-10 break、continue 中断循环

代码分析：

在循环中，执行到 break 语句后，立即跳出当前循环，不再执行后续循环，因此只输出数字 0 和 1。执行到 continue 后，跳出本次循环，后续是否继续循环取决于判断条件。在本例中当 i=2 时跳出本次循环，而后续循环依旧进行，因此循环输出 0、1、3 和 4。

本 章 小 结

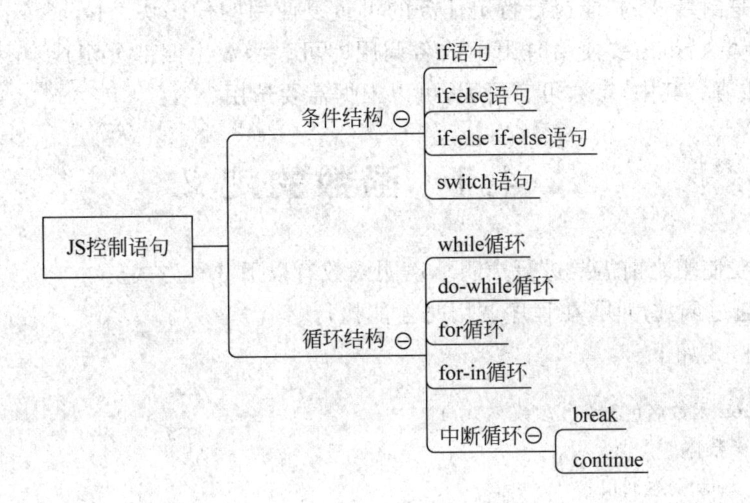

练　习　3

(1)（　　）不属于条件语句。

A. if 语句　　B. switch 语句　　C. 三元运算符　　D. while 语句

(2)（　　）语句可以终止循环。

A. break　　B. continue　　C. return　　D. stop

(3) 当 i 等于 5 时执行一些代码的条件语句是（　　）。

A. if (i==5)　　B. if i=5 then

C. if i=5　　D. if i==5 then

(4) 当 i 不等于 5 时执行一些代码的条件语句是（　　）。

A. if =! 5 then　　B. if <> 5

C. if (i <> 5)　　D. if (i != 5)

(5) 以下 for 循环开始语句写法正确的是（　　）

A. for (i <= 5; i++)

B. for (i = 0; i <= 5; i++)

C. for (i = 0; i <= 5)

D. for i = 1 to 5

第 4 章　函　　数

函数是封装好的、能执行特定任务的可重复使用的代码块。JavaScript 函数声明后，它不会自动执行，需要使用时用函数名调用即可。函数由四部分组成：函数名、参数、函数体、返回值。其中，参数可有可无，可以根据需要选用。

4.1　函数的定义

函数在使用之前需要进行声明。声明函数有以下 3 种方式。

(1) 通过函数声明，在程序调用时才能执行。

语法格式如下。

```
function 函数名(参数 1,参数 2,... ){
      函数体
      [return 返回值]
}
```

当 JavaScript 执行到 return 语句时，函数将停止执行。函数返回值可有可无，如果需要返回运行结果，则需通过 return 语句把运行结果返回给调用者。

(2) 通过匿名函数赋值给变量。

语法格式如下。

```
var 变量 = function (参数 1,参数 2,... ){
      函数体
      [return 返回值]
}
```

函数存储在变量中，不需要函数名称，通常通过变量名来调用。

(3) 通过内置的 JavaScript 函数构造器(Function())创建函数对象，不需要调用，直接执行，此种方式不常用。

语法格式如下。

(1) 一个参数都不传时，创建一个空函数。

```
var 函数名 = new Function()
```

(2) 只传一个参数时，这个参数就是函数体：

```
var 函数名 = new Function("函数体")
```

(3) 传多个参数时,最后一个参数为函数体,前面的参数都是该函数的形参名。

```
var 函数名 = new Function(参数 1,参数 2,...,"函数体")
```

【例 4-1】 函数定义。

参考代码:

```
<!DOCTYPE html>
<html>
    <head><meta charset = "utf - 8"><title></title></head>
    <body>
        <button type = "button" onclick = "sayHello()">无参函数声明</button>
        <button type = "button" onclick = "sayHelloP(prompt('输入显示次数:'))">
                有参函数的声明</button>
        <button type = "button" onclick = "sayHelloA(prompt('输入显示次数:'))">
                有参匿名函数的声明</button>
        <button type = "button">Function()函数(自动执行)</button>
        <script type = "text/javascript">
            //无参函数的声明
            function sayHello(){
                for(var i = 0;i < 5;i++) {
                    document.write("<h2>Hello World</h2>");
                }
            }
            //有参函数的声明
            function sayHelloP(count)
            {
                for(var i = 0;i < count;i++) {
                    document.write("<h2>Hello World</h2>");
                }
            }
            //有参匿名函数的声明
            var sayHelloA = function (count) {
                for(var i = 0;i < count;i++){
                    document.write("<h2>Hello World</h2>");
                }
            };
            //Function()函数
            var sayHelloF = new Function(
                document.write("<h2>Hello World</h2>")
            );
        </script>
    </body>
</html>
```

运行结果如图 4-1 所示。

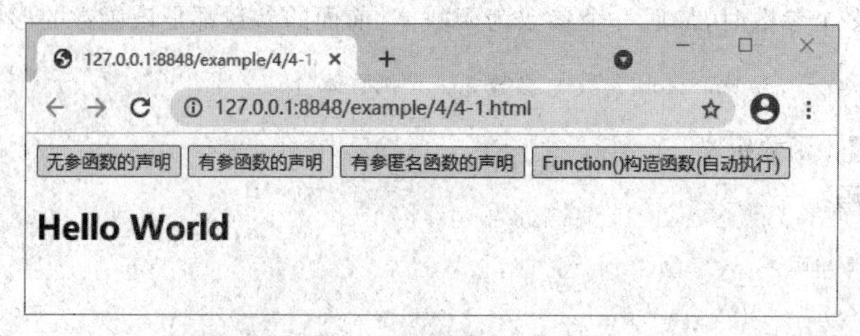

图 4-1　函数不同定义方式

4.2　函数的返回值

函数执行完成后，可以有返回值，也可以没有返回值。有返回值时，可以返回一个值，也可以返回一个数组、一个对象。

【例 4-2】　函数返回值的应用。

参考代码：

```
<! DOCTYPE html >
< html >
    < head >< meta charset = "utf - 8">< title ></title ></head >
    < body >
        < script type = "text/javascript">
            //返回一个值
            function fun1(x, y){
                return x + y
            }
            var rs = fun1(2,4);
            document.write(rs);
            document.write('< br/>');
            //返回一个数组
            function fun2(x, y){
                arr = [ ];
                arr.push(x * 5)
                arr.push(y * 5)
                return arr
            }
            var rs = fun2(2,4);
            document.write(rs);
            document.write('< br/>');
            //返回一个对象
            function fun3(id, name){
                obj = {};
                obj.id = id;
                obj.name = name;
                return obj;
            }
```

```
            var rs = fun3(3, '李蛋蛋');
            document.write(rs);
            document.write('<br/>');
            document.write(rs.name);
        </script>
    </body>
</html>
```

运行结果如图 4-2 所示。

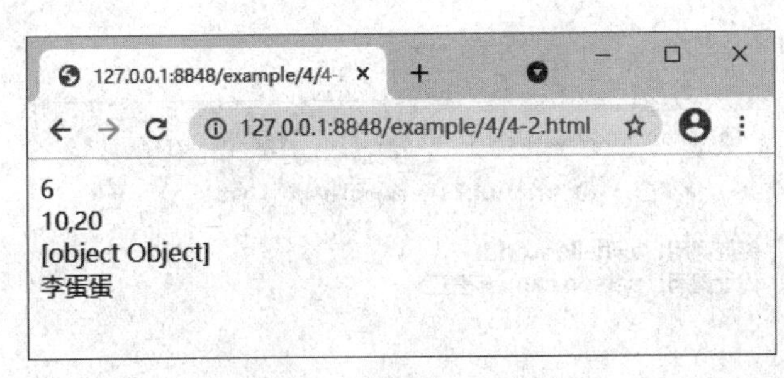

图 4-2　函数的不同返回值

4.3　函数的调用

函数的调用分为传值调用和传址调用。传值调用就是将参数的值传递给函数，而函数在进行调用时，会复制这个值，该值在函数体内参与运算，运算结果不会影响原数据。传值调用所传入的参数均为简单数据类型，如数字、字符串、布尔变量等。传址调用就是将参数的内存地址传给函数进行调用，当此参数在函数体内被改变，原值也会发生改变，传址调用所传入的参数必须是复合类型，如数组、对象等。

【例 4-3】 函数调用方式。

参考代码：

```
<!DOCTYPE html>
<html>
    <head><meta charset="utf-8"><title></title></head>
    <body>
        <script type="text/javascript">
            //传值调用
            function fun1(str){
                str = '你好!'
            }
            var a = 'hello world!'
            fun1(a);
            document.write('传值调用:a = ' + a);
            document.write('<br/>');
            //传址调用
            function fun2(person){
```

```
                person.name = '王五';
            }
            var b = {name:'张三'}
            fun2(b);
            document.write('传址调用:person.name = ' + b.name);
        </script>
    </body>
</html>
```

运行结果如图 4-3 所示。

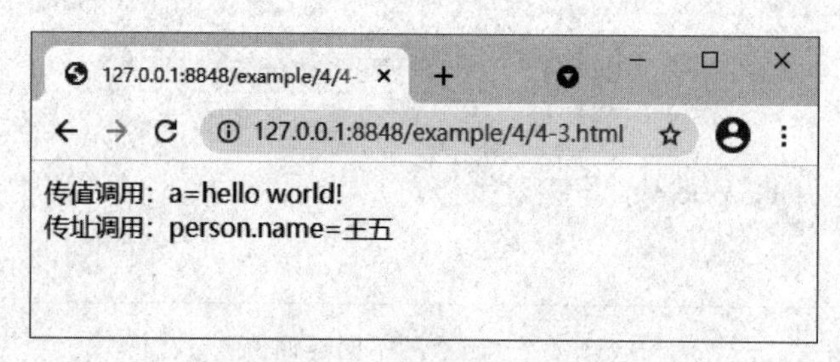

图 4-3　函数的调用

4.4　系统内置函数

常见的系统内置函数有很多,如字符串函数、数组函数、数学函数和日期函数。字符串函数、数组函数在前面章节中讲过,日期函数将在后面章节中讲解。本节讲解常用的数学函数(表 4-1),它属于 Math 对象的方法。Math 对象属静态对象,可以直接访问而不需要创建,如“Math.函数名()”。

表 4-1　常用的数学函数

函数名	描　述
ceil()	对一个数进行上舍入
floor()	对一个数进行下舍入
min()	返回给定参数的最小值
max()	返回给定参数的最大值
random()	返回随机生成的一个实数,它在[0,1)范围内
round()	返回浮点数 x 的四舍五入值
sqrt()	返回给定参数的平方根

【例 4-4】 数学函数的应用。

参考代码:

```
<!DOCTYPE html>
<html>
    <head><meta charset="utf-8"><title></title></head>
```

```
    <body>
        <script type="text/javascript">
            var a = 6.7,b = 3;
            var ceil = Math.ceil(a);
            document.write(a + "上舍入的结果是:" + ceil);
            document.write("<br/>");
            var floor = Math.floor(a);
            document.write(a + "下舍入的结果是:" + floor);
            document.write("<br/>");
            var min = Math.min(a,b);
            document.write(a + "和" + b + "最小值为:" + min);
            document.write("<br/>");
            var max = Math.max(a,b);
            document.write(a + "和" + b + "最大值为:" + max);
            document.write("<br/>");
            var ran = Math.random();
            document.write("随机生成的数是:" + ran);
            document.write("<br/>");
        </script>
    </body>
</html>
```

运行结果如图 4-4 所示。

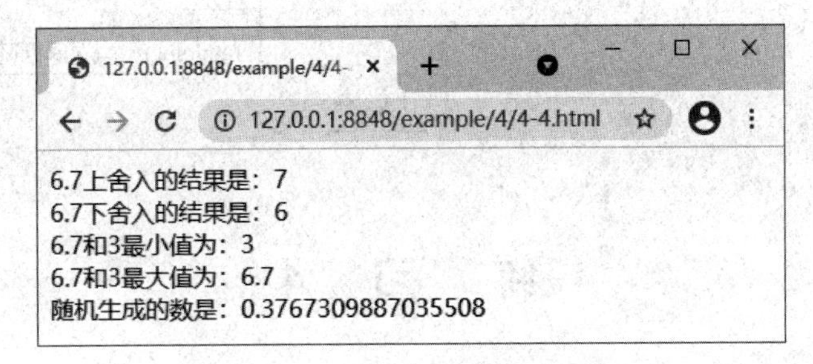

图 4-4　常用的数学函数应用

【例 4-5】 实现返回的整数范围为 2～99。

参考代码：

```
<!DOCTYPE html>
<html>
    <head><meta charset = "utf - 8"><title></title></head>
    <body>
        <script type="text/javascript">
            var x = 97 * Math.random() + 2;
            document.write(parseInt(x)) ;
        </script>
    </body>
</html>
```

本章小结

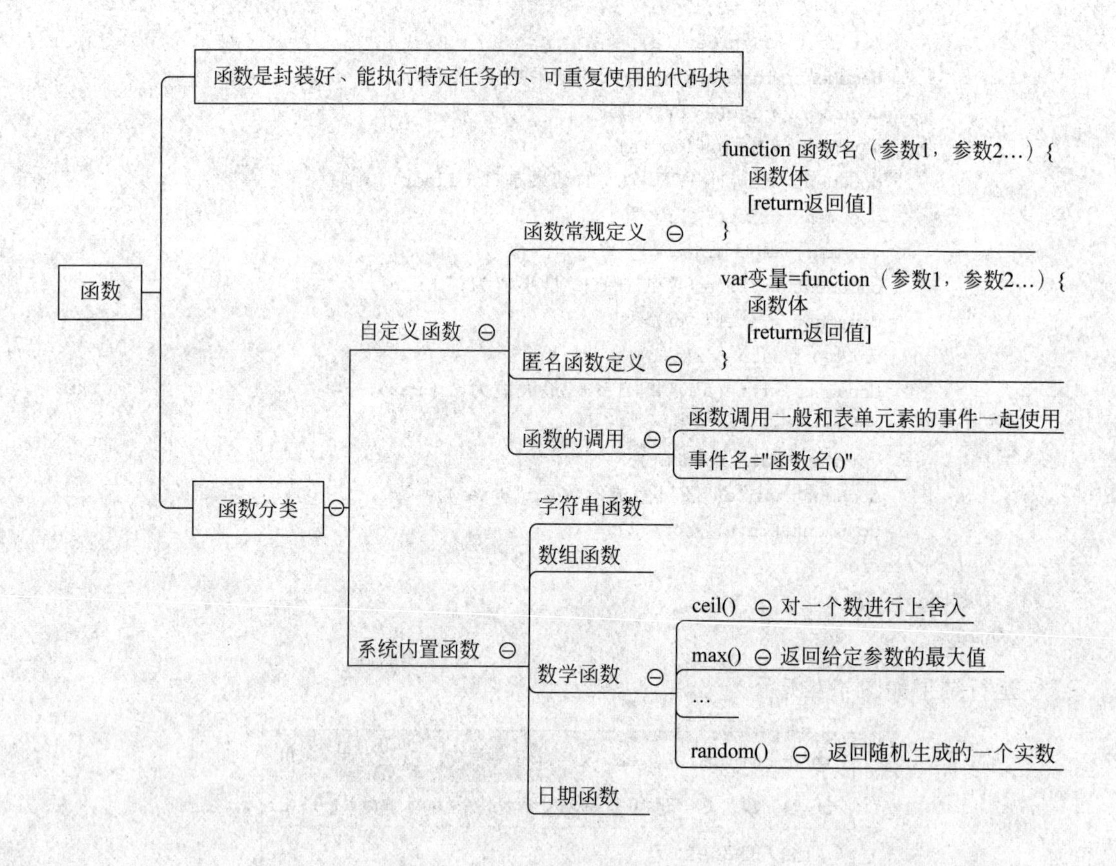

练 习 4

(1) 关于函数，以下说法中错误的是(　　)。

A. 函数类似于方法，是执行特定任务的语句块

B. 函数不能有返回值

C. 可以直接使用函数名称来调用函数

D. 函数可以提高代码的重用率

(2) 创建函数的语句是(　　)。

A. function myFunction()　　B. function:myFunction()

C. function=myFunction()

(3) 调用名为 myFunction 的函数的语句是(　　)。

A. function myFunction　　B. myFunction()

C. call myFunction()

第5章 对 象

5.1 什么是对象

JavaScript中所有事物都是对象。对象(object)是带有属性和方法的一种特殊数据类型。JavaScript提供多个标准的内置对象,如String、Array、Math、Date等。

JavaScript允许自定义对象,通过定义其属性和方法,来描述它们的特征和功能。

在现实生活中,汽车有品牌、型号、颜色等特征,也有启动、停止等行为。图5-1所示的设计草图可表示Car类,抽象地描述汽车的特征;图5-2则对应表示具体的对象(某款汽车)。该对象都拥有汽车Car类同样的特征(属性),但特征值因车而异,同样也拥有汽车Car类相同的行为(方法),但是行为会在不同时间被执行。

在现实生活中,人有姓名、年龄、性别等特征,也有吃饭、睡觉、运动等行为。图5-3所示的简笔画可表示抽象的Person类;图5-4则可对应表示具体的对象(爸爸、妈妈、女儿、奶奶、爷爷)。

图5-1 车的设计草图

图5-2 具体的不同款汽车

图5-3 人的简笔画

图5-4 具体某个人

如果用 JavaScript 语言去描述类与对象之间的关系，这就涉及面向对象的编程技术。常规面向对象的编程思路如图 5-5 所示，先创建类，然后实例化对象，并传入所需的属性参数值。即在 Person 类的基础上，通过 new object()语句进行实例化，赋以具体的特征值（性别男、年龄 80……），生成具体的对象（爷爷），其余以此类推。

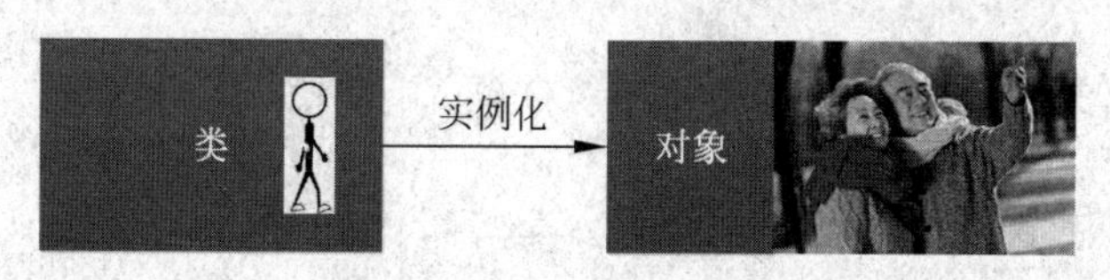

图 5-5　面向对象编程的过程

JavaScript 允许省略类的创建而直接生成对象。

5.2　创建对象

在 JavaScript 中，创建对象有两种途径，分别是通过 new *object*()和{}实现。

1. 使用 new *object* ()

首先声明类。使用 function 关键字构造类的结构，如定义 Person 类。

```
function Person(name,sex,age) {              //声明一个 3 个形参的 Person 类,类名首字母大写
    this.name = name;                        //把形参 name 的值赋给类的属性(this.name)
    this.sex = sex;
    this.age = age;
    this.run = function(){                   //匿名函数赋给属性,属性就拥有方法的功能
        return this.name + "喜欢跑步" ;
    }
}
```

说明：类成员（属性、方法）进行内部数据交换，需通过 this 对象传递，this 代表当前对象。

然后用 new *object*()生成对象。声明一个类后，再使用 new *object*()格式实例化一个对象，并传入具体的属性值（实参）。

```
var myFather = new Person("John","M",50);  //实例化一个对象
document.write(myFather.name) ;            //引用对象的属性
document.write("<br/>");                   //换行显示
document.write(myFather.run());            //引用对象的方法
document.write("<br/>");                   //换行显示
var myMother = new Person("Sally","F",48);
document.write(myMother.name) ;
document.write("<br/>");
document.write(myMother.run());
document.write("<br/>");
```

运行结果如图 5-6 所示。

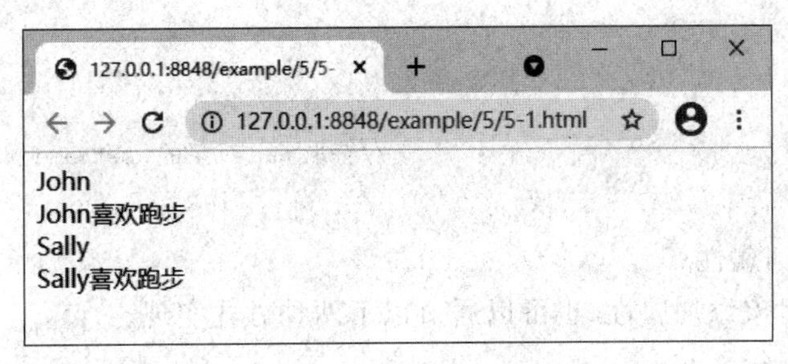

图 5-6 对象声明(方法一)的运行结果

2. 使用{}

使用{}直接声明对象,即省略类的声明,利用现有值,直接实例化一个对象。

JavaScript 变量是存储数据值的容器。下面把一个单一值(尤雨溪)赋给名为 person 的变量,则赋值语句为

```
var man = "尤雨溪";
```

对象是一种拥有属性、方法的特殊数据类型,可包含很多值。如果想把多个值(Evan You; Chinese; Vue.js)赋给名为 man 的变量,则书写格式如下。

```
var man = {name:" Evan You", nationality:"Chinese",works:"Vue.js"};
```

对象的每个值以"属性名:属性值"方式成对书写,属性名与属性值之间用冒号分隔,多个值之间用逗号隔开。对象也可以有方法,方法是在对象上执行的动作。方法是作为属性值来存储的匿名函数。

```
var man = {
   firstName: "Evan",                    //对象的属性
   lastName : "You",
   sex: "male",
   fullName : function() {               //对象的方法
     return this.firstName + " " + this.lastName;
   }
};
document.write(man.fullName());          //调用对象的方法
```

5.3 编辑对象

1. 编辑对象的属性

1) 访问对象的属性

可用以下两种方式访问属性。

```
对象.属性名
对象["属性名"]
```

例如：

```
man.lastName;                                    //获取 man 对象的 lastName 属性值
man["lastName"];
```

2）添加对象的属性

为已存在的对象添加属性，也可以通过以下两种方式实现。

```
对象.属性名 = 属性值
对象["属性名"] = 属性值
```

例如：

```
man.lastName = "Gates";                          //设置 man 对象的 lastName 属性值为"Gates"
man["lastName"] = "Gates";
```

3）删除对象的属性

通过 delete 语句进行删除。

语法格式如下：

```
delete 对象.属性名
delete 对象["属性名"]
```

例如：

```
delete man. sex                                  //删除 man 对象中的 sex 属性
delete man["sex"]
```

4）检测对象的属性

判断某个属性是否存在此对象中，可以用 in 运算符去检测，返回值是布尔型(true、false)。

```
if("sex" in man){
    alert("存在 sex 属性");
}else{
    alert("无 sex 属性")
}
```

也可以通过对象. hasOwnProperty("属性名")方式检测该属性是否在对象中存在。

2. 编辑对象的方法

对象中除了属性，还有方法。对象中的方法和属性一样，可以动态地进行添加和删除。但方式只能通过对象.方法名创建。

1）访问对象的方法

访问对象的方法的语法格式如下。

```
对象.方法名()
```

例如：

```
name = man.fullName();
```

2）添加对象的方法

添加对象的方法的语法格式如下。

```
对象.方法名 = 匿名函数
```

例如：

```
//添加对象的方法
man.sayHello = function(){
    return this.firstName + " " + this.lastName + "said: hello!";
}
document.write(man.sayHello());              //调用对象的方法
```

3）删除对象的方法

删除对象的方法的语法格式如下。

```
delete 对象.方法名
```

例如：

```
delete man.sayHello;                    //删除对象的方法,注意方法名后面没有括号()
```

【例 5-1】 编辑对象。

参考代码：

```
<!DOCTYPE html>
<html>
    <head><meta charset = "utf - 8"><title></title></head>
    <body>
        <script type = "text/javascript">
            var woman = {
                name:"wanghuahua",
                age:18,
                say:function(){
                    alert("hello")
                },
                run:function(){
                    alert("movement")
                }
            }
            //显示对象及对象的 age 属性
            console.log(woman);
            console.log(woman.age);
            console.log(woman['age']);
            //删除对象的 age 属性
```

```
            delete woman.age
            console.log(woman);
            console.log(woman.age);
            console.log(woman['age']);
            //删除 say 方法
            delete woman['say'];
            console.log(woman);
            //删除 run 方法
            delete woman.run;
            console.log(woman);
        </script>
    </body>
</html>
```

运行结果如图 5-7 所示。

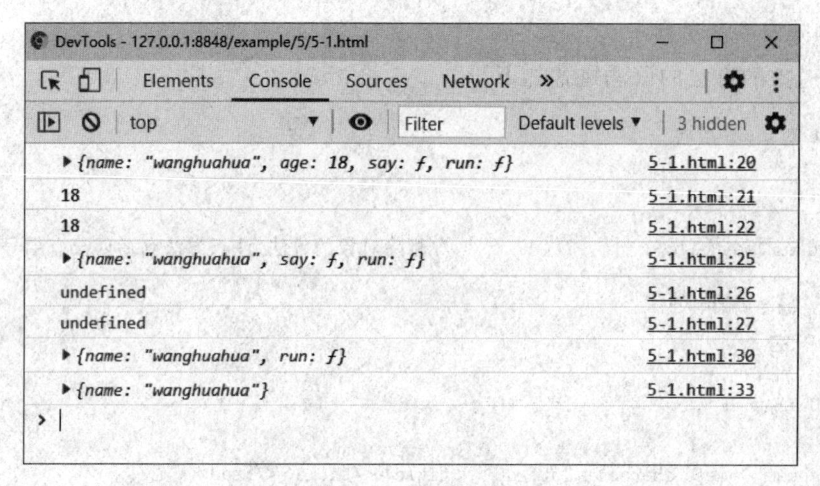

图 5-7　对象的编辑

3. 遍历对象的方法和属性

在 JavaScript 中，可以通过 for-in 方式遍历对象的属性名，通过属性名访问到属性值或方法。需要注意的是，访问对象的属性，需用“对象[属性名]”格式读取属性值。

```
for(var key in man){
    document.write(key + " = " + man[key]);
    document.write("<br/>");
}
```

下面通过综合案例，体会一下对象的应用。

【例 5-2】　创建 man 对象，并遍历输出对象的属性、方法。

参考代码：

```
<!DOCTYPE html>
<html>
```

```
    <head><meta charset="utf-8"><title></title></head>
    <body>
        <script type="text/javascript">
            var man = {
                firstName: "Evan",              //对象的属性
                lastName : "You",
                sex: "male",
                fullName : function() {          //对象的方法
                    return this.firstName + " " + this.lastName;
                }
            };
            //循环遍历
            for(var key in Man){
                document.write(key + " = " + man[key]);
                document.write("<br/>");
            }
        </script>
    </body>
</html>
```

注意：匿名函数作为对象的方法，当成字符串打印出来，结果如图 5-8 所示。

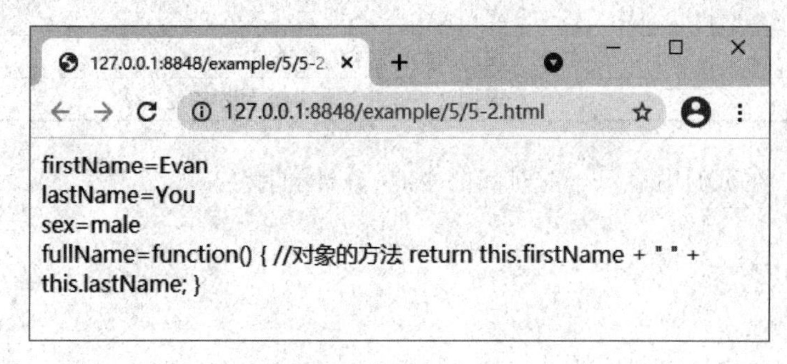

图 5-8　遍历对象

5.4　内 置 对 象

常见的内置对象有 string、array、math、date、window 等。

(1) string 对象：用于支持对字符串的处理。

(2) array 对象：用于在单独的变量名中存储一系列的值。

(3) math 对象：用于执行常用的数学任务(如四舍五入、随机数等)，它包含了若干个数值常量和函数。它属于静态对象，可直接访问，不需要创建。

(4) date 对象：用于操作日期和时间。它属于动态对象，需要使用 new Date()语句创建对象实例，然后才可以调用 date 对象的方法，获取不同的日期时间的信息。

(5) window 对象：代表浏览器的窗口。window 对象方法会在后续章节中重点讲解，本节只介绍 window 对象的定时器方法。window 对象也属于静态对象，直接可访问。

由于 window 对象比较特殊，访问时，window 对象名可省略，直接调用 window 对象的方法名即可。

前三个对象在前面已有介绍，本节介绍后两个对象。

1. date 对象

date 对象用于处理日期和时间。先创建 date 对象，然后使用 date 对象的方法获得时、分、秒。创建 date 对象的语法格式如下。

```
var 变量 = new Date()
```

date 对象常见的方法如表 5-1 所示。

表 5-1　date 对象常见的方法

方　法	描　　述
Date()	返回当前的日期和时间
getFullYear()	从 date 对象以四位数字返回年份
getMonth()	从 date 对象返回月份（0～11）
getDate()	从 date 象返回一个月中的某一天（1～31）
getDay()	从 date 对象返回一周中的某一天（0～6）
getMinutes()	返回 date 对象的分钟（0～59）
getSeconds()	返回 date 对象的秒数(0～59)
getTime()	返回 1970 年 1 月 1 日至今的毫秒数

【例 5-3】 在页面中显示当前时间的小时、分钟和秒。

参考代码：

```
<!DOCTYPE html>
<html>
    <head><meta charset = "utf-8"><title></title></head>
    <body>
        <div id = "myclock"></div>
        <!-- JavaScript 代码 -->
        <script type = "text/javascript">
            var today = new Date();                    //获得当前时间
            //获得小时、分钟、秒
            var hour = today.getHours();
            var minute = today.getMinutes();
            var second = today.getSeconds();
            //设置 div 的内容为当前时间
            var str = "<h2>现在时间:" + hour + ":" + minute + ":" + second + "</h2>";
            document.getElementById("myclock").innerHTML = str;
        </script>
    </body>
</html>
```

显示效果如图 5-9 所示。

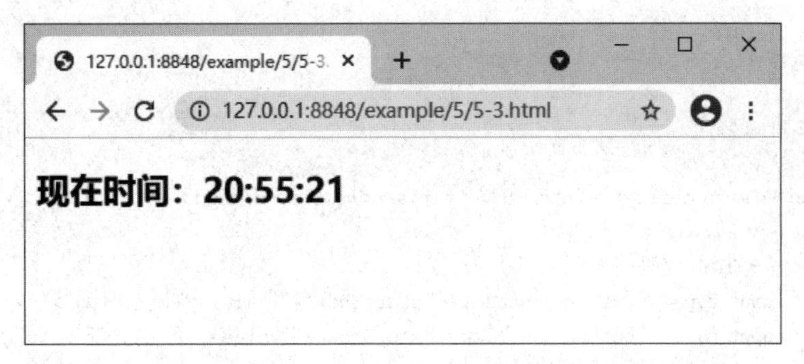

图 5-9　显示当前时间

2. window 对象

在例 5-3 中，显示时间是固定的，即为刷新页面一瞬间的时间。实现每隔 1 秒调用显示时间的解决方案是使用 window 对象的定时器定时刷新页面。在实际使用中，window 对象名可省略，直接写定时器的方法名即可。

使用 window 对象的定时器的方法如下。

1）setTimeout()

该方法在指定的毫秒数后调用函数或计算表达式，返回 ID（数字）。可以将这个 ID 传递给 clearTimeout() 来取消执行。

语法格式如下。

```
window.setTimeout(调用的函数名,等待的毫秒数)        //完整写法
setTimeout(调用的函数名,等待的毫秒数)               //省略写法
```

这两种方式书写的语句功能都是一样的，一般都采用简写方式。

例如：

```
var myVar = setTimeout(showtime,1000);             //启动定时器
clearTimeout(myVar);                               //清除定时器
```

2）setInterval()

按照指定的周期（以毫秒计）来调用函数或计算表达式，返回 ID（数字）。可以将这个 ID 传递给 clearInterval ()阻止函数的执行。

语法格式如下。

```
window.setInterval(调用的函数名,间隔的毫秒数)       //完整写法
setInterval (调用的函数名, 间隔的毫秒数)            //省略写法
```

例如：

```
var myVar = setInterval(showtime,1000);            //启动定时器
clearInterval(myTime);                             //清除定时器
```

【例 5-4】 单击"显示时间"按钮,则动态显示时间,单击"停止更新"按钮,时间停止更新。

参考代码:

```
<!DOCTYPE html>
<html>
    <head><meta charset="utf-8"><title></title></head>
    <body>
        <!-- HTML 代码 -->
        <input type="button" onclick="startShow()" value="显示时间">
        <input type="button" onclick="stopShow()" value="停止更新">
        <div id="myclock"></div>
        <!-- JavaScript 代码 -->
        <script type="text/javascript">
            var myVar                                   //定义全局变量
            function showTime(){
                var today = new Date();                 //获得当前时间
                //获得小时、分钟、秒
                var hour = today.getHours();
                var minute = today.getMinutes();
                var second = today.getSeconds();
                //设置 div 的内容为当前时间
                var str = "<h2>现在时间:" + hour + ":" + minute + ":" + second + "</h2>";
                document.getElementById("myclock").innerHTML = str;
            }
            //动态显示时间
            function startShow(){
                myVar = setInterval(showTime,1000);
            }
            //停止更新时间
            function stopShow(){
                clearInterval(myVar);
            }
        </script>
    </body>
</html>
```

显示效果如图 5-10 所示。

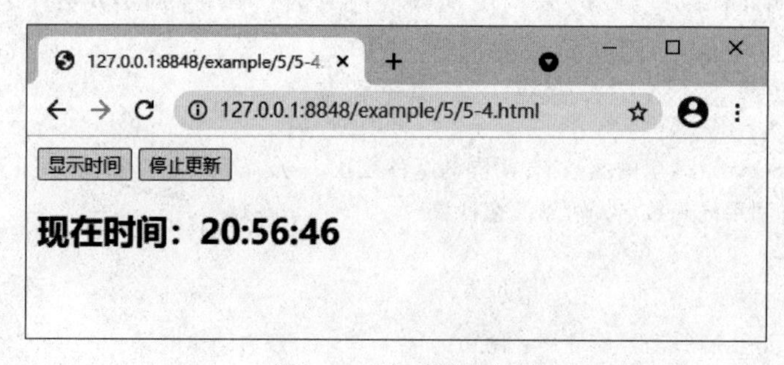

图 5-10　定时器应用

本章小结

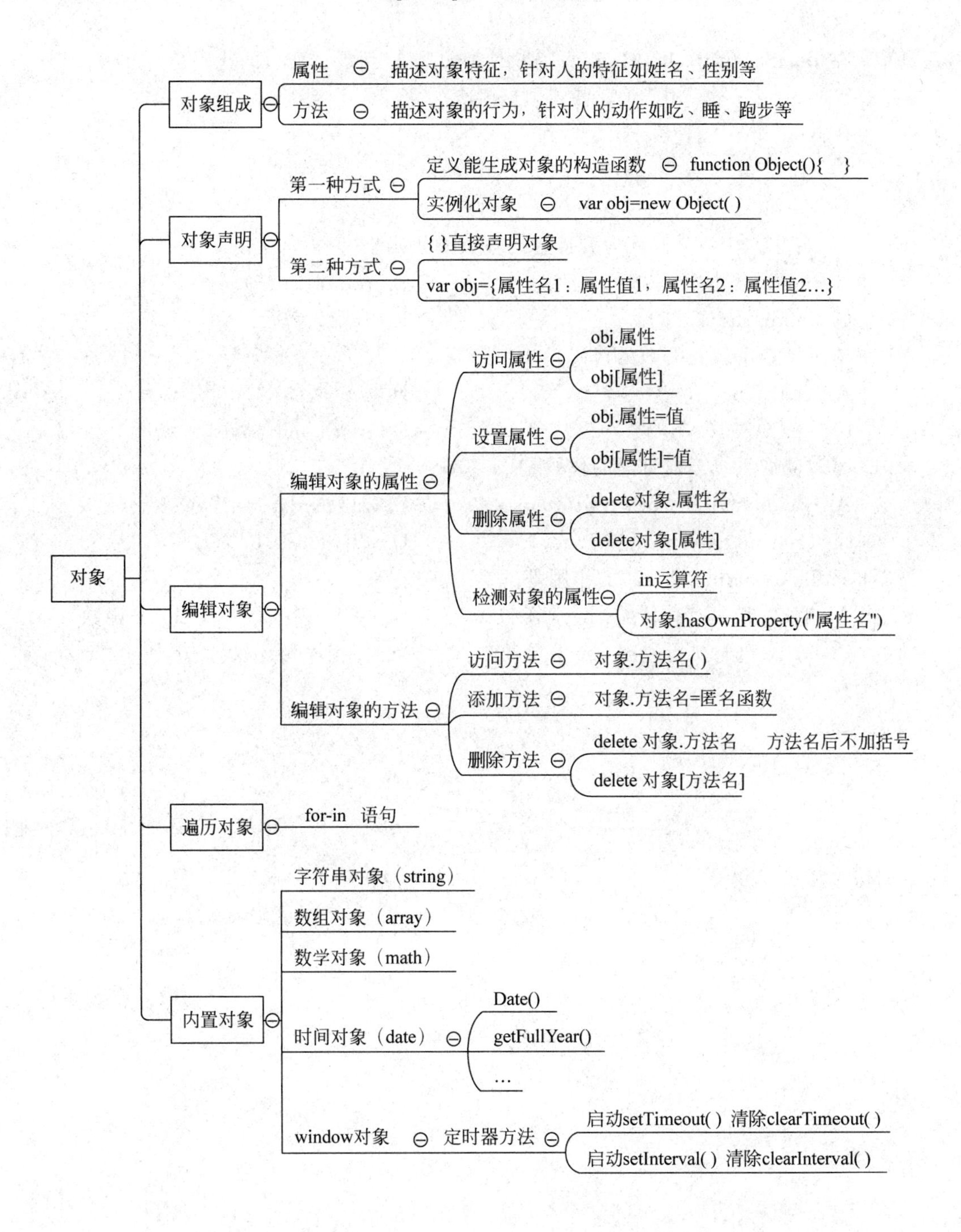

对象
对象组成
属性
描述对象特征，针对人的特征如姓名、性别等
方法
描述对象的行为，针对人的动作如吃、睡、跑步等
对象声明
第一种方式
定义能生成对象的构造函数
function Object(){ }
实例化对象
var obj=new Object( )
第二种方式
{ }直接声明对象
var obj={属性名1：属性值1，属性名2：属性值2…}
编辑对象
编辑对象的属性
访问属性
obj.属性
obj[属性]
设置属性
obj.属性=值
obj[属性]=值
删除属性
delete对象.属性名
delete对象[属性]
检测对象的属性
in运算符
对象.hasOwnProperty("属性名")
编辑对象的方法
访问方法
对象.方法名( )
添加方法
对象.方法名=匿名函数
删除方法
delete 对象.方法名
方法名后不加括号
delete 对象[方法名]
遍历对象
for-in 语句
内置对象
字符串对象（string）
数组对象（array）
数学对象（math）
时间对象（date）
Date()
getFullYear()
…
window对象
定时器方法
启动setTimeout( ) 清除clearTimeout( )
启动setInterval( ) 清除clearInterval( )

练　习　5

(1) 在 JavaScript 中,可以实现每隔 5 秒弹出"5 秒到了!"窗口的代码是(　　)。

A. setInterval("alert('5 秒到了!')",5)

B. setTimeOut("alert('5 秒到了!')",5000)

C. setTimeOut("alert('5 秒到了!')",5)

D. setInterval("alert('5 秒到了!')",5000)

(2) 可以把 7.25 四舍五入为最接近的整数的代码是(　　)。

A. math.round(7.25)　　B. round(7.25)

C. math.rnd(7.25)　　D. rnd(7.25)

(3) 求两个数中较大的数的代码是(　　)。

A. ceil(a,b)　　B. top(a,b)

C. math.ceil(a,b)　　D. math.max(a,b)

(4) 可以获取系统当前日期的代码是(　　)。

A. var mydate = new Date();　　B. var mydate = new date()

C. Date mydate = new Date()　　D. 以上均不对

(5) setTimeout(check,10)的作用是(　　)。

A. 将 10 作为参数传给 check 函数　　B. 每 10 秒执行一次 check 函数

C. 每 10 毫秒执行一次 check 函数　　D. 使程序循环执行 10 次

第 6 章　浏览器对象

6.1　BOM 简 介

浏览器对象模型(browser object model,BOM)如图 6-1 所示。BOM 是 JavaScript 的重要组成部分,它提供了一系列内置对象,用于与浏览器窗口进行交互,这些对象统称 BOM 对象。

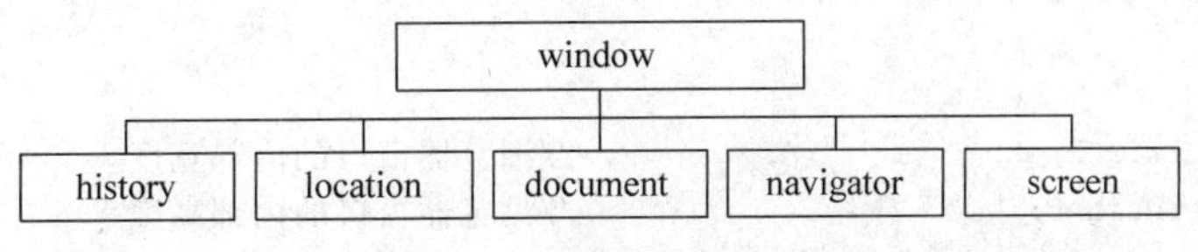

图 6-1　浏览器对象模型

BOM 没有相关标准,每个浏览器都定义了自己的属性,都有自己对 BOM 的实现方式。W3C 虽然没有为 BOM 统一制定标准,但窗口对象、导航对象等因功能趋同,实际上已经成为默认的标准。常用的 BOM 对象对应的区域如图 6-2 所示。

图 6-2　常用的 BOM 对象对应的区域

6.2　window 对 象

window 对象表示浏览器窗口,所有浏览器都支持 window 对象。由于 window 对象是全局对象,并且是唯一的,因此在使用中可以省略不写。例如,可以把 window 对象的方法当作函数来使用，如只写 alert()，而不必写 window. alert()。

1. window 对象的常用属性

window 对象的常用属性如表 6-1 所示。

表 6-1 window 对象的常用属性

属性	说明
innerWidth	返回窗口的文档显示区的宽度
innerHeight	返回窗口的文档显示区的高度

语法格式如下。

```
window.属性名
```

例如：

```
window.innerWidth;                        //浏览器窗口的内部宽度
window.innerHeight;                       //浏览器窗口的内部高度
```

2. window 对象的常用方法

window 对象的常用方法如表 6-2 所示。

表 6-2 window 对象的常用方法

方法	说明
alert()	显示带有一个提示信息和一个确定按钮的对话框
prompt()	显示可提示用户输入的对话框
confirm()	显示一个带有提示信息、确定和取消按钮的对话框
open()	打开一个新的浏览器窗口，加载指定 URL 所指的文档
close()	关闭浏览器窗口
setTimeout()	在指定的毫秒数后调用函数或计算表达式
clearTimeout()	取消由 setTimeout()方法设置的定时操作
setInterval()	按照指定的周期(以毫秒计)来调用函数或表达式
clearInterval()	取消由 setInterval()方法设置的定时操作

【例 6-1】 显示删除前确认对话框，如果单击“确定”按钮，则提示“删除成功!”，否则提示“你取消了删除”。

参考代码：

```
<!DOCTYPE html>
<html>
    <head><meta charset="utf-8"><title></title></head>
    <body>
        <script type="text/javascript">
            var result = confirm("确认要删除此条信息吗?");
            if(result == true ){
                alert("删除成功!");
```

```
            }else{
                alert("你取消了删除");
            }
        </script>
    </body>
</html>
```

运行结果如图 6-3 所示。

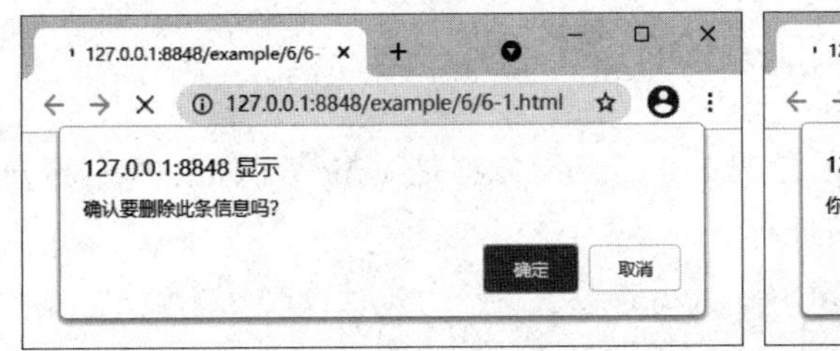

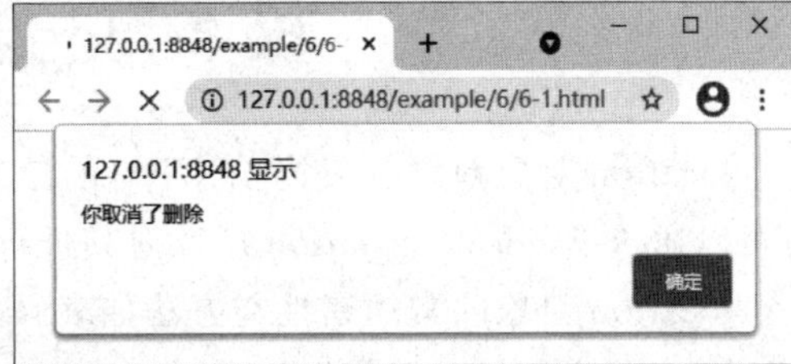

图 6-3　confirm()方法应用

3. window 对象的常用事件

window 对象的常用事件如表 6-3 所示。

表 6-3　window 对象常用的事件

事　件	说　　明
onload	页面完成加载
onlick	当用户单击某个对象时调用的事件句柄
onkeydown	某个键盘按键被按下
onmouseover	鼠标移到某元素之上
onchange	内容被改变

6.3　history 对象

history 对象包含用户在浏览器窗口中访问过的 URL。history 对象是 window 对象的一部分，也可以通过 window. history 属性对其进行访问。所有浏览器都支持该对象。

history 对象的常用属性与方法如表 6-4 所示。

表 6-4　history 对象的常用属性与方法

属性与方法	说　　明
history. length	返回浏览器历史记录列表中的 URL 数量
history. back()	加载 history 对象列表中的前一个 URL
history. forward()	加载 history 对象列表中的下一个 URL
history. go()	加载 history 对象列表中的某个具体 URL

浏览器中“后退”按钮的实现方法如下。

```
history.back();                         //等价于 history.go(-1);
```

浏览器中“前进”按钮的实现方法如下。

```
history.forward();                              //等价于 history.go(1);
```

例如：

```
<a href = "JavaScript:history.back()">返回上一页</a>
```

6.4 location 对象

location 对象包含有关当前 URL 的信息。location 对象是 window 对象的一部分，也可以通过 window. location 属性对其进行访问。

location 对象的常用属性与方法如表 6-5 所示。

表 6-5 location 对象的常用属性与方法

属性与方法	说　明
location. href	显示当前网页的 URL 链接
location. port	显示当前网页链接的端口
location. reload()	重新刷新当前页面

例如：

```
<a href = "JavaScript:location.href = 'https://www.baidu.com/'">跳转到百度</a>
<a href = "JavaScript:location.reload()">刷新当前页面</a>
```

6.5 navigator 对象

navigator 对象包含有关浏览器的信息，所有浏览器都支持该对象。

navigator 对象的常用属性如表 6-6 所示。

表 6-6 navigator 对象的常用属性

属　性	说　明
navigator. appName	返回浏览器的名称
navigator. appVersion	返回浏览器的平台和版本信息
navigator. cookieEnabled	返回指明浏览器是否启用 cookie 的布尔值
navigator. platform	返回运行浏览器的操作系统平台

6.6 screen 对象

screen 对象中存放有关显示器屏幕的信息。

screen 对象的常用属性如表 6-7 所示。

表 6-7　screen 对象的常用属性

属　性	说　明
screen. height	返回显示器的高度
screen. width	返回显示器的宽度
screen. availHeight	返回显示器的高度(除 window 任务栏之外)
screen. availWidth	返回显示器的宽度(除 window 任务栏之外)

6.7　document 对象

每个载入浏览器的 HTML 文档都会成为 document 对象。document 对象都可以通过 JavaScript 脚本对 HTML 页面的所有元素进行访问,具体的应用将在第 7 章重点讲解。

【例 6-2】　单击按钮,可以改变网页的背景颜色。

参考代码:

```
<!DOCTYPE html>
<html>
    <head><meta charset="utf-8"><title></title></head>
    <body>
        <button type="button" onclick="changBgColor()">改变网页背景</button>
        <script type="text/javascript">
            function changBgColor(){
                document.bgColor="#87c472"
            }
        </script>
    </body>
</html>
```

本章小结

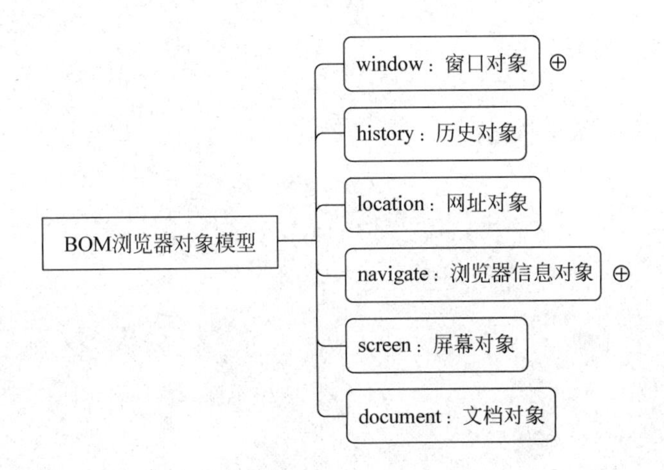

练　习　6

(1) (　　)方法都属于 window 对象。

A. alert(),clear(),close()　　B. alert(),close(),confirm()

C. clear(),close(),open()　　D. alert(),setTimeout(),write()

(2) 在 JavaScript 中,(　　)方法不属于 window 对象。

A. reload()　　B. setTimeout()

C. open()　　D. confirm()

(3) 在 JavaScript 中,(　　)能实现确认对话框效果。

A. window. open("确认您的删除操作吗?");

B. window. alert("确认您的删除操作吗?");

C. window. prompt("确认您的删除操作吗?");

D. window. confirm("确认您的删除操作吗?");

(4) 在 JavaScript 中,可以重新加载当前页的方法是(　　)。

A. location. refresh()　　B. history. replace()

C. location. reload()　　D. history. reload()

(5) 在 JavaScript 中,如不指明对象直接调用某个方法,则该方法默认属于(　　)对象。

A. location　　B. document　　C. window　　D. form

第 7 章 文档对象

7.1 DOM 简介

当网页被加载时，浏览器会自动创建页面的文档对象模型(document object model, DOM)。文档对象模型属于 BOM(浏览器对象模型)中的一部分，它定义了访问和操作 HTML 文档的标准方法。用户通过 document 对象就可以对页面的内容进行增删改查操作。

DOM 将 HTML 文档表达为树状结构，这种结构称为节点树。通过 HTML DOM，可对树状结构中的所有 HTML 元素(节点)进行访问、创建、修改或删除操作。例如，把例 7-1 中的代码表达成树状结构，则对应的 DOM 节点树如图 7-1 所示。

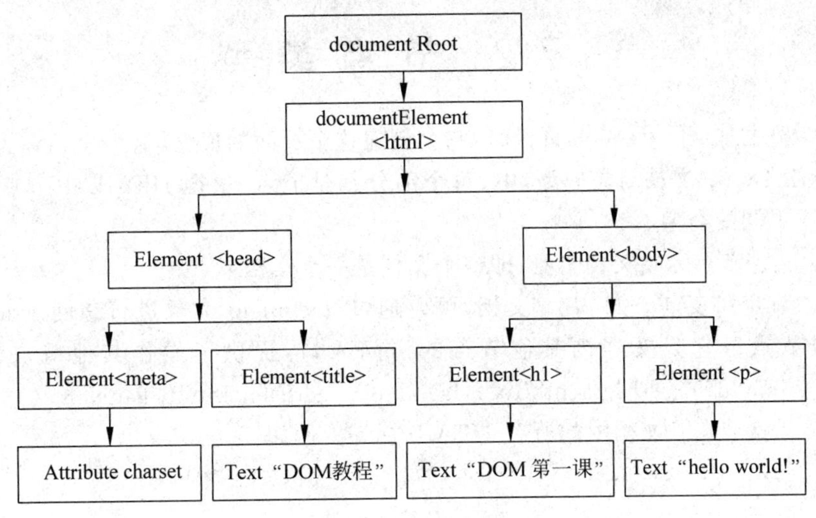

图 7-1 DOM 节点树

【例 7-1】 解析 HTML 页面的节点树。

参考代码：

```
<html>
    <head>
        <meta charset = "utf - 8">
        <title> DOM 教程</title>
    </head>
    <body>
        <h1> DOM 第一课</h1>
        <p> Hello world!</p>
```

```
    </body>
</html>
```

当 HTML 文档被载入时,浏览器就会自动解析生成 HTML DOM 节点树。HTML 文档会转换成为 document 对象。通过 document 对象,可以运用 JavaScript 脚本对 HTML 页面中的所有元素进行访问。document 对象的子节点是< html >,而< html >的子节点是< head >和< body >,以此类推。需要注意的是,不同网页< body >节点的下一级结构是不同的。

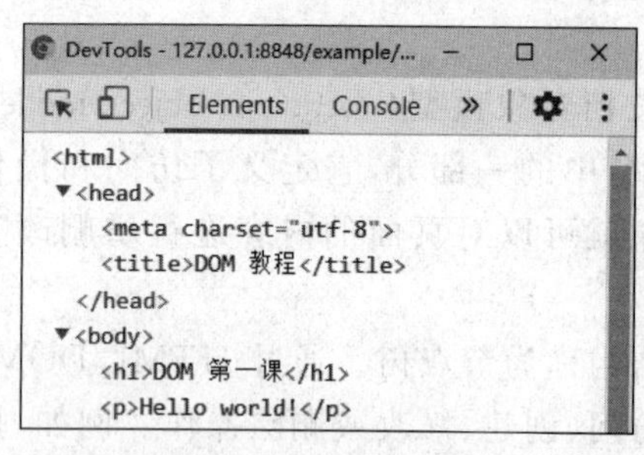

图 7-2　Google 浏览器生成的节点树

如果用户想去观察 DOM 结构,可以在浏览器中按 F12 键,在弹出窗口的 Elements 选项卡中查看节点树,如图 7-2 所示。或者在 Google 浏览器内右击,在弹出的快捷菜单中选择"检查"命令,切换到 Elements 选项卡中查看。

通过这套 DOM 编程接口,用户可以通过 JavaScript 脚本操作 HTML 的每一个节点,实现对 HTML 内容的增删改查操作。

7.2　节点类型

当浏览器加载一个 Web 页面时,它会创建这个页面的模型,这个模型称为 DOM 树。在 HTML DOM(文档对象模型)中,每个部分都是节点,根据 HTML 中节点位置不同,可以分成不同的类型。

(1) 文档节点。指文档本身,即整个文档是一个文档节点。

文档节点代表整个 HTML 文档,可以通过 document 对象进行访问。document 也称为"根节点",它是文档内其他节点的访问入口,提供了操作其他节点的方法,如 getElementById()、getElementsByClassName()、getElementsByTagName()。

(2) 元素节点。文档中的所有 HTML 标签。例如:

```
<h1>…</h1>
```

(3) 文本节点:包含在 HTML 元素内的文本。例如:

```
<h1>DOM 第一课</h1>                          //其中"DOM 第一课"是文本节点
```

(4) 属性节点。每一个 HTML 属性就是一个属性节点。例如:

```
<meta charset = "utf-8">                      //charset = "utf-8"就是属性节点
```

提示:如果要修改文本节点、属性节点的值,必须先获得对应的元素节点。

(5) 注释节点。注释属于注释节点。例如:

```
var obj = document.getElementById("main");    //查找 id = " /main"的元素
```

7.3　DOM 操作

前面介绍了 HTML 形成的 DOM 树，本节介绍通过 DOM 编程接口操作 DOM 树的方法。

1. 获取元素节点

DOM 树是由许多 HTML 标签构成的，这些标签就是 DOM 树的元素节点。要对节点进行操作，首先要获得元素节点。获取元素节点的方法主要有 4 种，可根据 HTML 代码的具体情况，选用 document 对象的不同方法去获取符合条件的元素节点。

(1) 通过标签的 id 属性值去获取对应的元素节点，将返回一个元素对象。

```
document.getElementById(idName)
```

(2) 通过标签的 name 属性值获取对应的元素节点，将返回元素对象的集合（伪数组）。

```
document.getElementsByName(name)
```

(3) 通过标签的 class 属性值获取对应的元素节点，将返回元素对象的集合（伪数组）。由于 class 是系统的关键字，所以方法中采用 ClassName，而不是 class。

```
document.getElementsByClassName(className)
```

(4) 通过标签名获取对应的元素节点，将返回元素对象的集合（伪数组）。

```
document.getElementsByTagName (tagName)
```

注意：

(1) 页面上 id 属性值一般是唯一的，所以根据 id 属性获取的值只有 1 个。即使页面存在命名失误、出现同名的情况，返回值仍然是符合条件的第一个标签元素。

(2) 后面 3 种方法返回值可能多个，因此方法中 getElement 后需加 s。这 3 种方法返回值是伪数组，不具备数组的方法。要操作伪数组中的所有元素，需使用循环遍历。

2. 获取和设置文本节点

可用 element.innerHTML()方法设置或获取元素节点开始标签和结束标签之间的 HTML 代码，但不包括元素自身的标签。

可用 element.innerText()方法设置或获取元素节点开始标签和结束标签之间的文本内容，去除所有 HTML 标签。

【例 7-2】 单击按钮，获取 div 元素节点中的文本。

参考代码：

```
<!DOCTYPE html>
<html>
    <head><meta charset="utf-8"><title></title></head>
```

```
    <body>
        <!-- HTML 代码 -->
        <div id="main"><h3>JavaScript 教程</h3></div>
        <button type="button" onclick="showInnerHTML()">
            获取元素节点 div 内代码
        </button>
        <button type="button" onclick="showInnerText()">
            获取元素节点 div 内文本
        </button>
        <!-- JavaScript 脚本 -->
        <script type="text/javascript">
            function showInnerHTML(){
                var obj = document.getElementById("main"); //获取元素节点
                alert(obj.innerHTML);                      //显示元素节点内的代码
            }
            function showInnerText(){
                var obj = document.getElementById("main"); //获取元素节点
                alert(obj.innerText);                      //显示元素节点内的文本
            }
        </script>
    </body>
</html>
```

运行结果如图 7-3 所示。

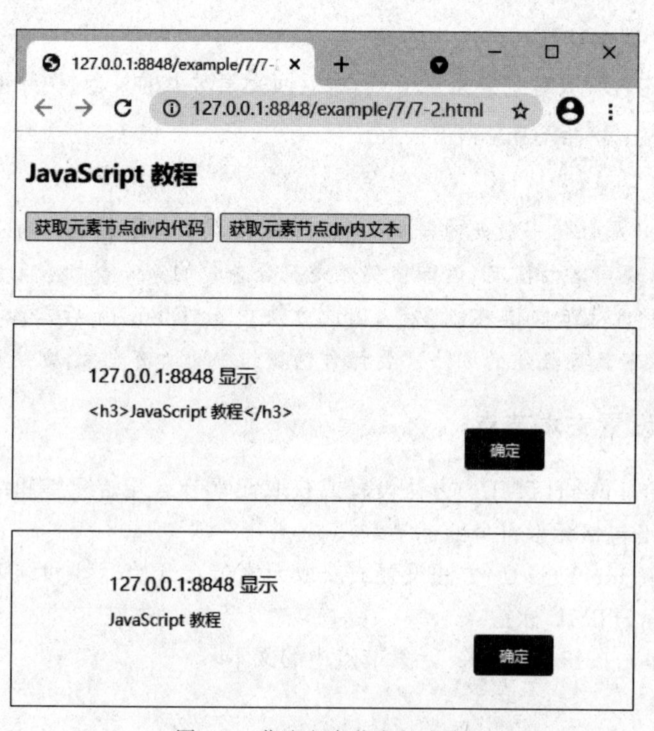

图 7-3　获取文本节点的内容

3. 获取和设置属性节点

1）获取和设置常规属性节点

获得元素节点后，才可以获取和设置元素节点的属性值。常规的属性节点可通过以下方法实现获取和设置的操作。

```
element.setAttribute(attributeName,attributeValue)     //设置属性名和属性值
element.getAttribute(attributeName)             //以属性名作为参数，获取对应的属性值
element.removeAttribute(attributeName)          //以属性名作为参数，删除元素的某个属性
```

【例 7-3】 单击按钮，给文本框添加提示信息。

参考代码：

```
<!DOCTYPE html>
<html>
    <head><meta charset="utf-8"><title></title></head>
    <body>
        <!-- HTML 代码 -->
        <input type="text" id="username" />
        <button type="button" onclick="changeValue()">
            单击给文本框添加提示信息
        </button>
        <!-- JavaScript 代码 -->
        <script type="text/javascript">
            function changeValue(){
                var obj = document.getElementById("username"); //获取元素节点
                obj.setAttribute("value","请输入用户名"); //设置元素节点的 value 属性值
            }
        </script>
    </body>
</html>
```

运行结果如图 7-4 所示。

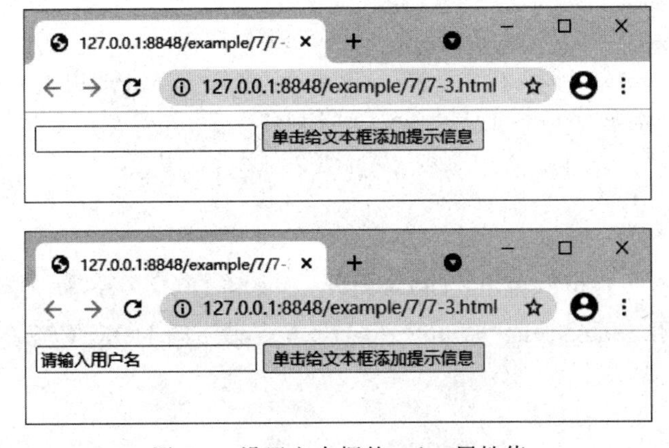

图 7-4 设置文本框的 value 属性值

2）获取和设置 style 对象的属性节点

DOM style 对象代表一个单独的样式声明，可通过应用样式的文档或元素访问 style 对象。如果要设置 DOM style 对象的样式，可使用下面的语法格式。

```
element.style.StyleProperty
```

需要注意的是，DOM 元素的 style 对象和 DOM 元素的 CSS 样式表两者是独立的，没有任何关系。style 对象的属性名和 CSS 样式名称在书写方式上相似，但不相同。例如，DOM CSS 的样式名称为 bgcolor、background-color；DOM style 对象的属性名称为 bgColor、backgroundColor。

两者名称转换：在 JavaScript 属性读写操作中，属性名中不允许出现“-”，因此需将 DOM 的 CSS 样式名称中的“-”去掉，从第 2 个单词开始首字母大写(小驼峰命名法)。

【例 7-4】 假设在 CSS 中设置元素 background-color、font-size 属性，通过 node. style. backgroundColor、node. style. fontSize 访问，返回值会显示为空字符串。

参考代码：

```
<html>
    <head>
        <meta charset = "utf-8"><title></title>
        <style type = "text/css">
            .demo {background-color: #dedede; font-size: 16px; }
        </style>
    </head>
    <body>
        <div style = "color: darkred;line-height: 24px" class = "demo">
            <p> hello world </p>
        </div>
        <script type = "text/javascript">
            var node = document.getElementsByClassName('demo');   //获取 DOM 节点
            console.log(node[0].style.color)                       //darkred
            console.log(node[0].style.backgroundColor)             //''
            console.log(node[0].style)
            console.log(node[0].style[0])                          // 'color'
            console.log(node[0].style.cssText) //'color: darkred; line-height: 24px;'
            console.log(node[0].style.fontSize)                    //''
        </script>
    </body>
</html>
```

从运行结果(图 7-5)可以得出：DOM style 对象和 DOM CSS 样式两者是独立的，没有任何关系，所以用 node. style. StyleProperty 方式去访问 DOM CSS 的样式，得到的结果为空字符串。

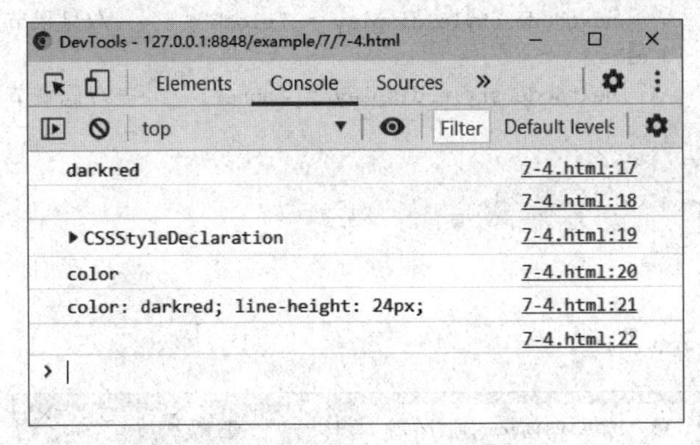

图 7-5　访问 DOM style 对象和访问 DOM CSS 样式的结果

【例 7-5】　单击导航按钮,可以实现展开/折叠菜单的功能。

提示:显示/隐藏菜单时要用到 style 对象的 display 属性,如果 display 属性值是 none 表示隐藏,block 表示显示。

参考代码:

```
<!DOCTYPE html>
<html>
    <head>
        <meta charset="utf-8"><title></title>
        <style>
            a{text-decoration: none;}
            a:hover{color:#FF0000;}
        </style>
    </head>
    <body>
        <!-- HTML 代码 -->
        <ul>
            <li class="menu" onclick="showHide(this)"><b>基础知识</b></li>
            <li style="display: none;">
                <a href="">备注</a><br />
                <a href="">变量</a><br />
                <a href="">数据类型</a><br />
                <a href="">运算符</a><br />
            </li>
            <li class="nenu" onclick="showHide(this)"><b>控制语句</b></li>
            <li style="display: none;">
                <a href="">条件语句</a><br />
                <a href="">循环语句</a><br />
            </li>
        </ul>
        <!-- JavaScript 代码 -->
        <script type="text/javascript">
            function showHide(obj) {
                nextNode = obj.nextElementSibling;          //获取当前节点的下一个节点
                if (nextNode.style.display == "none") {     //如果下一个节点为隐藏状态
```

```
                nextNode.style.display = "block";       //显示节点
            } else {
                nextNode.style.display = "none";        //隐藏节点
            }
        }
    </script>
  </body>
</html>
```

运行结果如图 7-6 所示。

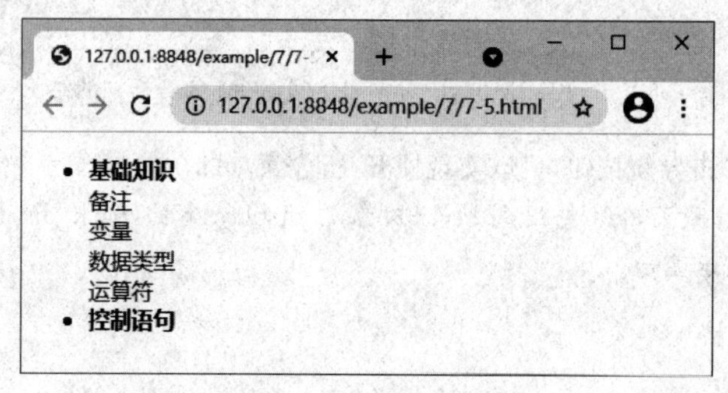

图 7-6 菜单展开/折叠

4. 访问不同层级的节点

在 DOM 操作中,有许多根据当前节点位置去访问其他层级节点的方法。

1）获取当前元素的父节点

```
element.parentNode              //返回当前元素的父节点对象
```

2）获取当前元素的子节点

```
element.children                //返回当前元素的所有子节点对象,只返回 HTML 节点
element.childNodes              //返回当前元素的所有子节点对象,包括文本、HTML、属性节点等
element.firstChild              //返回当前元素的第一个子节点对象
element.lastChild               //返回当前元素的最后一个子节点对象
```

3）获取当前元素的同级节点

```
element.nextElementSibling      //返回当前元素的下一个兄弟节点,若没有则返回 null
element.previousElementSibling //返回当前元素的上一个兄弟节点,若没有则返回 null
```

5. 获取当前节点类型

返回节点的类型。返回值为 1 表示元素节点,2 表示属性节点,3 表示文本节点,8 表示注释节点,9 表示当前整个文档(DOM 树的根节点)。该属性是只读的。

```
node.nodeType
```

6. 创建/追加节点

在 DOM 操作中，常常需要在 HTML 页面中动态添加 HTML 元素，这需要先创建新的节点，然后追加到父节点上。

(1) 创建节点。

```
document.createElement(nodename);                    //创建元素节点
document.createTextNode(text);                       //创建文本节点
document.createAttribute(attributename);             //创建属性节点
```

(2) 追加节点。

```
//在 element 结束标签前添加一个节点
element.appendChild(Node);
//在 element 中 existingNode 节点前添加 newNode 节点
element.insertBefore(newNode,existingNode);
```

【例 7-6】 单击按钮，创建新的按钮，并增添按钮提示、属性设置等操作。

参考代码：

```
<!DOCTYPE html>
<html>
    <head>
        <meta charset="utf-8"><title></title>
        <style type="text/css">
            .demoClass{width:100px;height:30px;margin:5px;border:0px}
        </style>
    </head>
    <body>
        <!-- HTML 代码 -->
        <p id="demo">单击“点我”按钮创建 button 元素节点</p>
        <button onclick="addElement()">点我</button>
        <!-- JavaScript 代码 -->
        <script type="text/javascript">
            function addElement(){
                var btn=document.createElement("button");
                document.getElementsByTagName('body')[0].appendChild(btn);
                str=document.createTextNode("登录");
                btn.appendChild(str);
                att=document.createAttribute('class');
                btn.setAttributeNode(att);
                btn.setAttribute('class','demoClass');
            };
        </script>
    </body>
</html>
```

运行结果如图 7-7 所示。

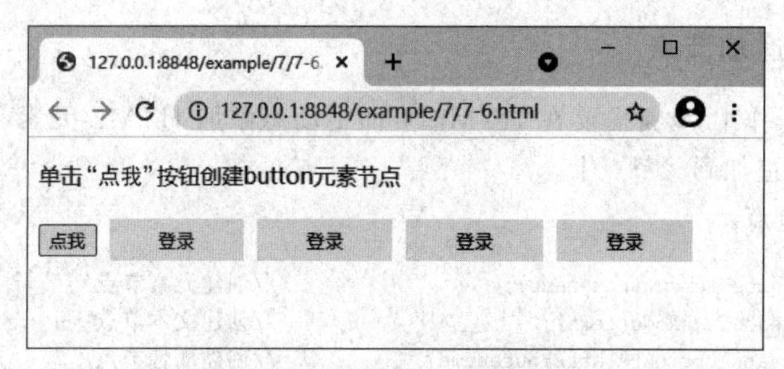

图 7-7　通过 JS 创建节点

7. 删除节点

删除节点的语法格式如下。

```
element.removeChild(Node)
```

其功能是删除 element 元素节点下的 Node 子节点。若删除成功，返回 Node 子节点，否则返回 null。

【例 7-7】 单击表格右侧的“删除”链接，可以将该行的单元格进行删除。

提示：返回当前元素的父节点对象的属性为 parentNode。

分析：

要删除整行，需要找到对应的<tr>。首先获取删除超链接<a>的父对象<td>标签，然后获取<td>标签的父对象<tr>标签，再次获取<tr>标签的父对象<table>标签，最后利用<table>节点的删除方法去删除超链接所在行<tr>。

参考代码：

```
<!DOCTYPE html>
<html>
    <head>
        <meta charset = "utf - 8"><title></title>
        <style type = "text/css">
            td{text - align: center;}
            tr:first - child{background - color: #cecece}
            tr:nth - child(even){background - color: #eee}
        </style>
    </head>
    <body>
        <!-- HTML 代码 -->
        <table border = "0" width = "500" align = "center">
            <caption>2021 年最值得学习的 5 种编程语言</caption>
            <tr>
                <td>序号</td>
                <td>语言</td>
                <td></td>
            </tr>
            <tr>
```

```
                <td>1</td>
                <td>Python</td>
                <td><a href="#" onclick="del(this)">删除</a></td>
            </tr>
            <tr>
                <td>2</td>
                <td>C++</td>
                <td><a href="#" onclick="del(this)">删除</a></td>
            </tr>
            <tr>
                <td>3</td>
                <td>kotlin</td>
                <td><a href="#" onclick="del(this)">删除</a></td>
            </tr>
            <tr>
                <td>4</td>
                <td>Java</td>
                <td><a href="#" onclick="del(this)">删除</a></td>
            </tr>
            <tr>
                <td>5</td>
                <td>JavaScript</td>
                <td><a href="#" onclick="del(this)">删除</a></td>
            </tr>
        </table>
        <!-- JavaScript 脚本 -->
        <script type="text/javascript">
            function del(obj){
                tr = obj.parentNode.parentNode;      //获取 a 的父对象 td 的父对象 tr
                table = tr.parentNode;               //获取删除行 tr 的父对象(table)
                table.removeChild(tr);               //删除超链接所在的行
            }
        </script>
    </body>
</html>
```

运行结果如图 7-8 所示。

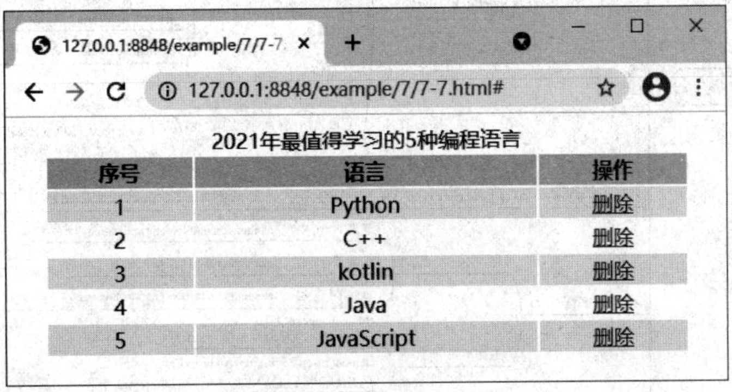

图 7-8　删除节点

本章小结

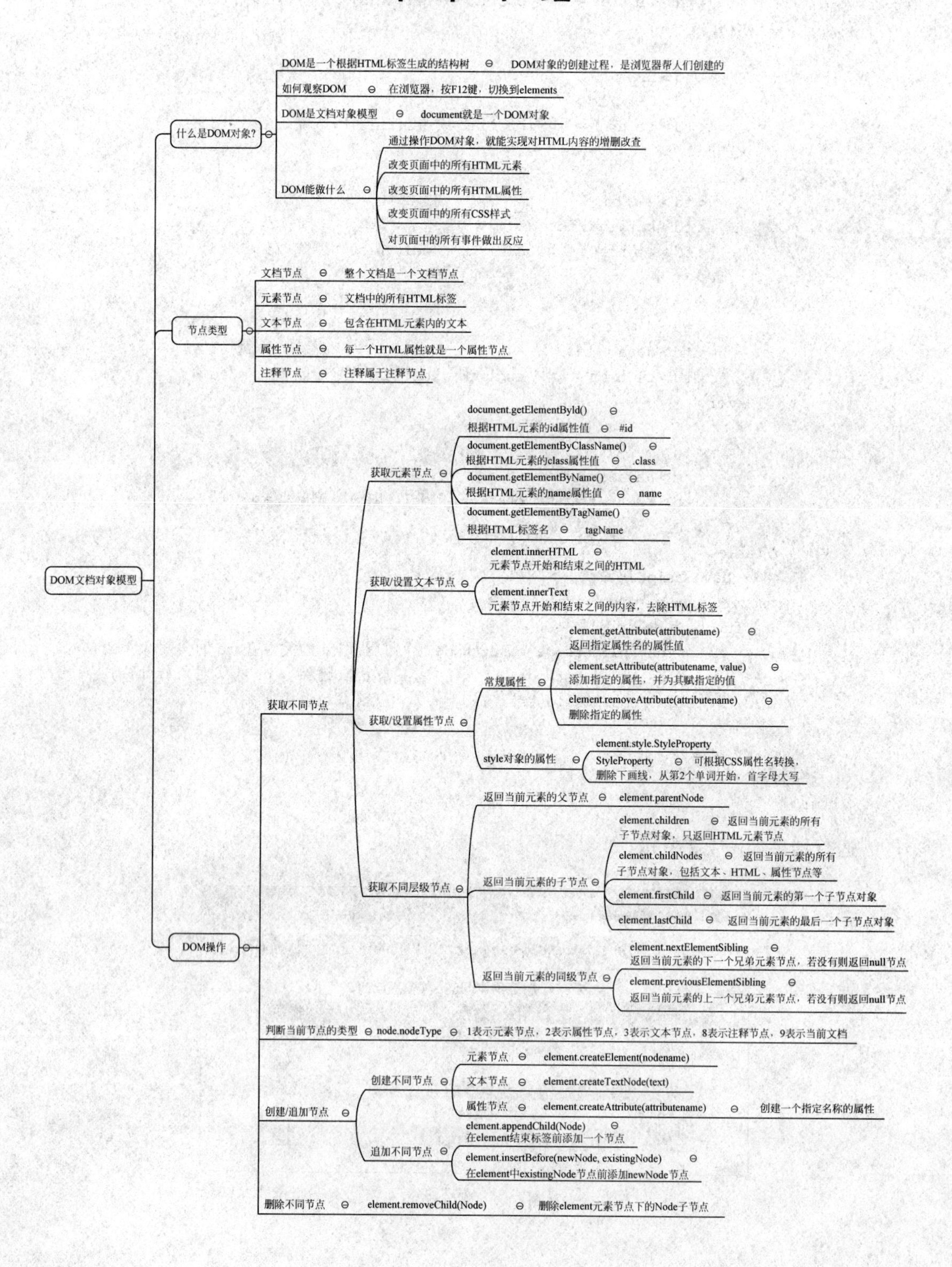
DOM文档对象模型
什么是DOM对象?
DOM是一个根据HTML标签生成的结构树
DOM对象的创建过程，是浏览器帮人们创建的
如何观察DOM
在浏览器，按F12键，切换到elements
DOM是文档对象模型
document就是一个DOM对象
DOM能做什么
通过操作DOM对象，就能实现对HTML内容的增删改查
改变页面中的所有HTML元素
改变页面中的所有HTML属性
改变页面中的所有CSS样式
对页面中的所有事件做出反应
节点类型
文档节点
整个文档是一个文档节点
元素节点
文档中的所有HTML标签
文本节点
包含在HTML元素内的文本
属性节点
每一个HTML属性就是一个属性节点
注释节点
注释属于注释节点
DOM操作
获取不同节点
获取元素节点
document.getElementById()
根据HTML元素的id属性值
#id
document.getElementByClassName()
根据HTML元素的class属性值
.class
document.getElementByName()
根据HTML元素的name属性值
name
document.getElementByTagName()
根据HTML标签名
tagName
获取/设置文本节点
element.innerHTML
元素节点开始和结束之间的HTML
element.innerText
元素节点开始和结束之间的内容，去除HTML标签
获取/设置属性节点
常规属性
element.getAttribute(attributename)
返回指定属性名的属性值
element.setAttribute(attributename, value)
添加指定的属性，并为其赋指定的值
element.removeAttribute(attributename)
删除指定的属性
style对象的属性
element.style.StyleProperty
StyleProperty
可根据CSS属性名转换，删除下画线，从第2个单词开始，首字母大写
获取不同层级节点
返回当前元素的父节点
element.parentNode
返回当前元素的子节点
element.children
返回当前元素的所有子节点对象，只返回HTML元素节点
element.childNodes
返回当前元素的所有子节点对象，包括文本、HTML、属性节点等
element.firstChild
返回当前元素的第一个子节点对象
element.lastChild
返回当前元素的最后一个子节点对象
返回当前元素的同级节点
element.nextElementSibling
返回当前元素的下一个兄弟元素节点，若没有则返回null节点
element.previousElementSibling
返回当前元素的上一个兄弟元素节点，若没有则返回null节点
判断当前节点的类型
node.nodeType
1表示元素节点，2表示属性节点，3表示文本节点，8表示注释节点，9表示当前文档
创建/追加节点
创建不同节点
元素节点
element.createElement(nodename)
文本节点
element.createTextNode(text)
属性节点
element.createAttribute(attributename)
创建一个指定名称的属性
追加不同节点
element.appendChild(Node)
在element结束标签前添加一个节点
element.insertBefore(newNode, existingNode)
在element中existingNode节点前添加newNode节点
删除不同节点
element.removeChild(Node)
删除element元素节点下的Node子节点

练　习　7

(1) 在页面上添加一个按钮，每单击一次，为 table 添加一行数据，单元格内容任意，如图 7-9 所示。

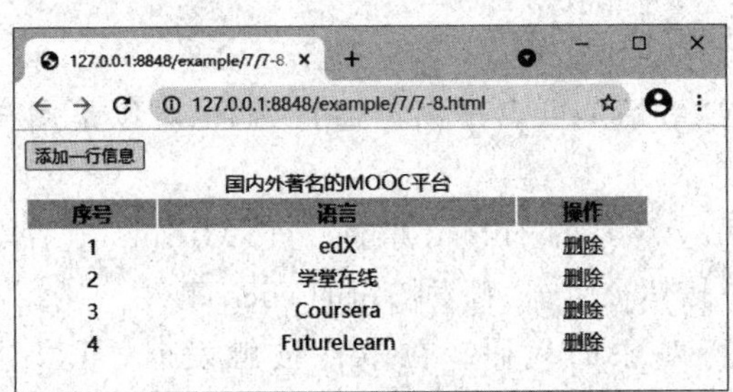

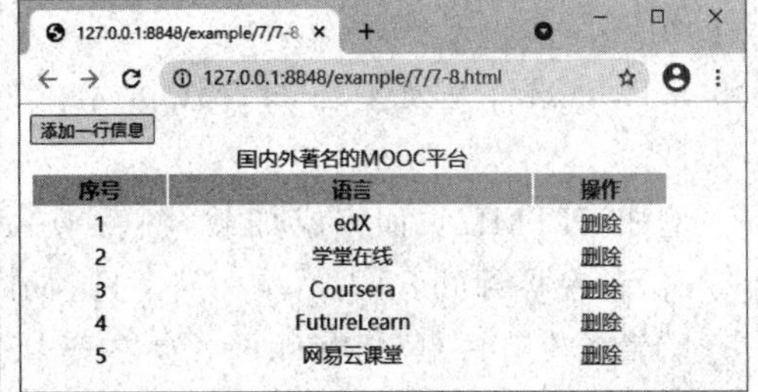

图 7-9　单击添加记录

(2) 在题(1)基础上，在每行尾部的单元格内添加“删除”链接，单击此链接，删除当前行。

第 8 章 DOM 事件

HTML 事件是发生在 HTML 元素上的“事情”,可以是浏览器行为,也可以是用户行为。

例如,HTML 页面完成加载,触发 window 对象的 onload 事件;HTML input 字段改变时,触发控件的 onchange 事件;HTML 按钮被点击,触发按钮的 click 事件。

通常,当用户触发事件时,就需要执行对象的代码。在事件被触发时,可以让 JavaScript 执行一些代码,如添加 HTML 元素,或者在 HTML 元素中添加对象的属性。事件一般分为窗口事件、鼠标事件、键盘事件、文本事件等。常见的事件如表 8-1 所示。

表 8-1 常见的事件

事 件	描 述
onload	页面完全加载完之后,会触发 window 对象的 onload 事件
onscroll	元素滚动条在滚动时,会触发该对象的 onscroll 事件
onclick	鼠标单击某个对象时,会触发 onclick 事件
onmouseover	鼠标指针移动到指定的对象上时,会触发 onmouseover 事件
onmouseout	鼠标指针移出指定的对象时,会触发 onmouseout 事件
onmousewheel	鼠标滚轮滚动时,会触发 onmousewheel 事件
onsubmit	当按提交按钮时,会触发表单的 onsubmit 事件

下面在对象上绑定事件,执行 JavaScript 代码,完成一些页面的特效。

8.1 购物车全选/全不选

【例 8-1】 通过 JavaScript 代码实现购物车全选/全不选的功能。常见购物车界面如图 8-1 所示,由于本例只关注核心功能的实现,故在参考代码中对界面进行简化。

分析:

复选框的 checked 属性值为 true 表示选中,false 表示未选中。因此,要实现全选功能,可以使用 document. getElementsByName()方法去访问同名的复选框,通过数组遍历,将标注“全选”的复选框的 checked 属性值赋值给每个商品复选框的 checked 属性,实现同步效果。

参考代码:

```
<! DOCTYPE html >
< html >
    < head >
```

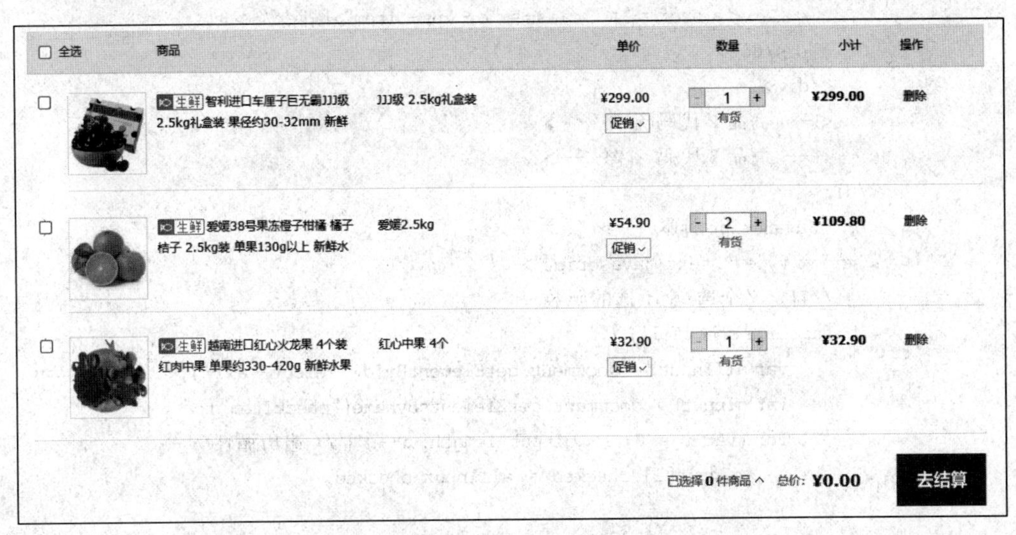

图 8-1　购物车全选/全不选

```
    <meta charset="utf-8"><title></title>
    <style type="text/css">
        .column {float: left;}
        .w-100 {width: 100px;}
        .w-600 {width: 600px;}
        .p-goods {clear: both;}
    </style>
</head>
<body>
    <!-- HTML 标题栏 -->
    <div class="cart-thead">
        <div class="column w-100 p-checkbox">
            <input type="checkbox" id="select-all" onclick="checkAll()">
            <b>全选</b>
        </div>
        <div class="column w-600 t-goods"><b>商品</b></div>
        <div class="column w-100 t-action"><b>操作</b></div>
    </div>
    <!-- HTML 商品列表 -->
    <div class="cart-tbody">
        <!-- 商品 1 -->
        <div class="p-goods">
            <div class="column w-100 cart-checkbox">
                <input type="checkbox" name="checkItem" class="jdcheckbox">
            </div>
            <div class="column w-600 goods-item">
                国产车厘子 JJJ 级 2.5kg 礼盒装 果径约 30～32mm 新鲜水果
            </div>
            <div class="column w-100 p-ops">
```

```
                <a href="#" class="p-ops-item">删除</a>
            </div>
        </div>
        <!-- 商品2代码 省略 -->
        <!-- 商品3代码 省略 -->
    </div>
    <!-- JavaScript 脚本 -->
    <script type="text/javascript">
        //自定义全选/全不选的函数
        function checkAll() {
            var allInput = document.getElementById('select-all');
            var gInput = document.getElementsByName("checkItem");
            for (var i = 0; i < gInput.length; i++) { // 遍历循环
                gInput[i].checked = allInput.checked;
            }
        }
    </script>
</body>
</html>
```

8.2 删除购物车商品

【例 8-2】 在例 8-1 的基础上实现删除购物车商品的功能。

方法一：手动调用自定义函数。

分析：

(1) 给超链接添加单击事件，并把当前超链接对象作为参数，传递给调用函数。

```
<a href="#" class="p-ops-item" onclick="del(this)">删除</a>
```

说明： 当前对象可以用 this 代替。

(2) 参考第 7 章案例，编写带参的删除函数：function del(obj){…}。

参考代码：

```
<!-- HTML代码修改位置 -->
<a href="#" class="p-ops-item" onclick="del(this)">删除</a>
<!-- JavaScript 脚本 -->
<script type="text/javascript">
    //自定义删除函数
    function del(obj){
        //获取超链接 a 的父对象(<div class='p-ops'>)的父对象(<div class='p-goods'>)
        goods = obj.parentNode.parentNode;
        //获取删除行商品的父对象(<div class='cart-tbody'>)
        cart = goods.parentNode;
        //删除超链接所在的行
        cart.removeChild(goods);
```

```
    }
</script>
```

方法二：通过循环给元素节点绑定事件。

方法一编程的缺点：每个商品需要重复设置单击事件 onclick，假设商品数量过大，这种手动设置调用函数的方法就不合适了。

优化代码的思路：通过 JavaScript 代码循环给元素节点绑定事件，即响应事件的代码通过脚本添加。

```
obj[i]. onclick = function(){
      ...
}
```

参考代码：

HTML 代码修改位置：
修改<a>标签，删除手动设置 onclick = "del(this)". 修改后<a>标签为
<a href = "#" class = "p - ops - item">删除</a>

在 JavaScript 脚本中，编写事件绑定代码。

```
<script type = "text/javascript">
    //给超链接添加绑定事件,实现删除功能
    var aObj = document.getElementsByClassName('p - ops - item');
    for(var j = 0;j < aObj.length;j++){
        aObj[j].onclick = function(){
            //获取超链接父对象的父对象
            goods = this.parentNode.parentNode;
            //获取删除行商品的父对象(<div class = 'cart - tbody'>)
            cart = goods.parentNode;
            //删除超链接所在的行
            cart.removeChild(goods);
        }
    }
</script>
```

为了防止误操作，可以在删除之前确认一下，这要用到 window 对象的 confirm()方法。运行效果如图 8-2 所示。

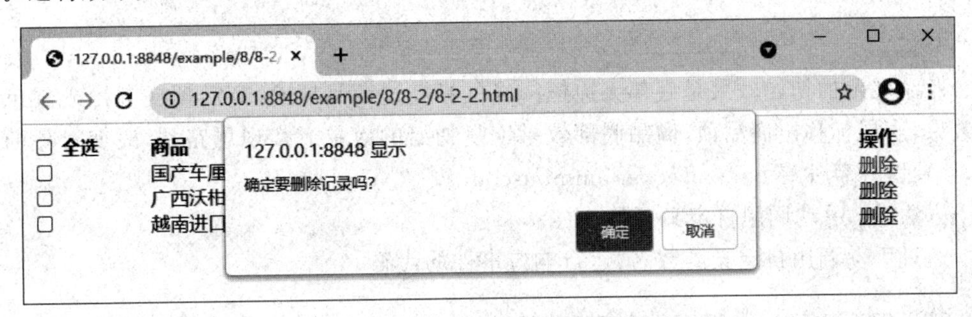

图 8-2　删除前确认对话框

参考代码如下。

```
var aObj = document.getElementsByClassName('p - ops - item');
for(var j = 0;j < aObj.length;j++){
     aObj[j].onclick = function(){
          if(confirm('确定要删除记录吗?')){
               goods = this.parentNode.parentNode;
               cart = goods.parentNode;
               cart.removeChild(goods);
          }
     }
}
```

8.3 鼠标滑过特效

【例 8-3】 鼠标经过商品,出现鼠标滑过特效,商品底部自动出现红色边框线。移开时,商品底部恢复初始的效果。

运行效果如图 8-3 所示。

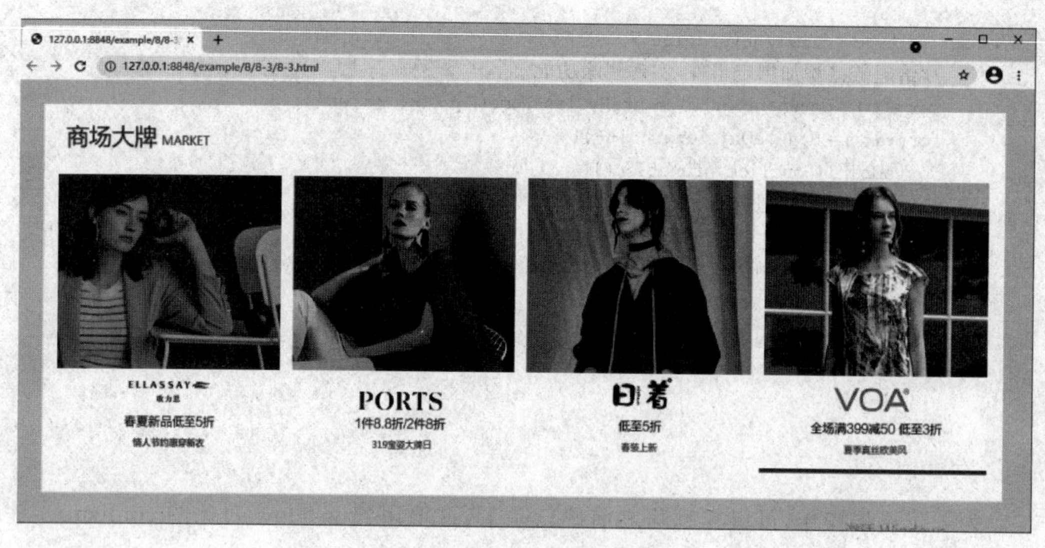

图 8-3 鼠标滑过商品特效

分析:

商品展示的初始效果是底部无边框。当鼠标经过商品项时,商品项底部出现红色边框效果,当鼠标移出商品项,商品底部效果恢复初始的效果。实现思路是,改变对象的样式,涉及鼠标事件有 onmouseover、onmouseout。

方法一:手动调用自定义函数。

通过手动调用自定义函数名,运行响应事件的代码。

```
<div onmouseover = "showBorderBotton(this)" onmouseout = "hideBorderBotton(this)">
```

参考代码：

```
<!DOCTYPE html>
<html>
    <head>
        <meta charset = "UTF-8"><title></title>
        <style type = "text/css">
            * {margin: 0; padding: 0;}
            body {background: #dcdcdc; }
            .goods {width: 1280px; height: 500px; background-color: white;
                margin: 30px auto;}
            .brand {width: 100%;margin: 20px auto; font-family: 'Microsoft YaHei';
                font-size: 16px; color: #666; font-weight: 500; padding-top: 20px;
                padding-left: 30px}
            .brand span {font-size: 30px; color: #333; margin-right: 6px}
            #content {width: 100%;margin: 0 auto; padding-left: 15px;}
            #content div {width: 302px; height: 370px; margin-right: 12px;
                margin-top: 10px; float: left; }
        </style>
    </head>
    <body>
        <!-- HTML代码 -->
        <div class = "goods">
            <div class = "brand"><span>商场大牌</span>MARKET</div>
            <div id = "content">
                <div onmouseover = "showBorderBotton(this)" onmouseout = "hideBorderBotton
                        (this)"><img src = "images/s1.png"></div>
                <div onmouseover = "showBorderBotton(this)" onmouseout = "hideBorderBotton
                        (this)"><img src = "images/s2.png"></div>
                <div onmouseover = "showBorderBotton(this)" onmouseout = "hideBorderBotton
                        (this)"><img src = "images/s3.png"></div>
                <div onmouseover = "showBorderBotton(this)" onmouseout = "hideBorderBotton
                        (this)"><img src = "images/s4.png"></div>
            </div>
        </div>
        <!-- JavaScript脚本 -->
        <script type = "text/javascript">
            //自定义函数 showBorderBotton,显示边框
            function showBorderBotton(obj) {
                obj.style.borderBottom = "5px solid #C50000";
            }
            //自定义函数 hideBorderBotton,隐藏边框
            function hideBorderBotton(obj) {
                obj.style.borderBottom = "";
            }
        </script>
    </body>
</html>
```

方法一编程的缺点是，每个商品需重复设置两个事件：onmousemover、onmouseout。

假设商品数量过大，这种手动设置调用自定义函数的方法就不合适了。

代码优化的思路是，可通过 JavaScript 代码循环给元素节点绑定事件，即响应事件的代码通过脚本添加。

```
obj[i].onmouseover = function(){
        …
}
obj[i].onmouseout = function(){
    …
}
```

方法二：通过循环给对象绑定事件。

参考代码：

```
<!DOCTYPE html>
<html>
    <head>
        <meta charset = "UTF-8"><title></title>
        <!-- 省略 CSS 样式，同上 -->
    </head>
    <body>
        <!-- HTML 代码 -->
        <div class = "goods">
            <div class = "brand"><span>商场大牌</span> MARKET </div>
            <div id = "content">
                <div><img src = "images/s1.png"></div>
                <div><img src = "images/s2.png"></div>
                <div><img src = "images/s3.png"></div>
                <div><img src = "images/s4.png"></div>
            </div>
        </div>
        <!-- JavaScript 脚本 -->
        <script type = "text/javascript">
            //获取<div id = "content">的子 div 对象
            var obj = document.getElementById("content").getElementsByTagName("div");
            //循环，给每个 div 对象动态绑定鼠标事件(onmouseover/onmouseout)
            for (var i = 0; i < obj.length; i++) {
                obj[i].onmouseover = function() {
                    this.style.borderBottom = "5px solid #C50000";
                }
                obj[i].onmouseout = function() {
                    this.style.borderBottom = "";
                }
            }
        </script>
    </body>
</html>
```

8.4　显示与隐藏信息

【例 8-4】 光标滑过商品项时，实现商品信息的交替显示与隐藏。

运行效果如图 8-4 所示。

图 8-4　商品信息的显示与隐藏

分析：

页面初始状态为显示价格，隐藏加入购物车的提示。当光标移到商品项，则隐藏价格，显示加入购物车的提示。实现思路是，价格、加入购物车信息分别放在不同 div 上，交替显示与隐藏。当光标移上去，显示新状态；光标移开时，恢复原始状态。

方法一：手动调用自定义函数。

参考代码：

```
<!DOCTYPE html>
<html>
<head>
    <meta charset="UTF-8"><title></title>
    <style type="text/css">
        *{margin:0px;padding-left: 0px}
        body{background-color: #f5f5f5}
        #main{width: 800px;height: 300px;background-color: #fff;margin:20px auto;}
        ul{list-style: none;padding-left: 40px;padding-top: 40px}
        li{width:160px;float: left;margin-right:22px}
        .gPrice{height:50px;line-height:50px;color: #c50000;font-size: 14px;
              font-family: Verdana;text-align: center}
        .gCar{height:50px;line-height:50px;text-align: center; color:#fff;
            display: none; background-color: #c50000; }
    </style>
    <script type="text/javascript">
```

```
        //显示加入购物车的提示
        function showCar(obj){
            var cDetail = obj.getElementsByClassName("gPrice");
            var cColor = obj.getElementsByClassName("gCar");
            cDetail[0].style.display = "none";
            cColor[0].style.display = "block";
        }
        // 显示商品价格
        function showPrice(obj) {
            var cDetail = obj.getElementsByClassName("gPrice");
            var cColor = obj.getElementsByClassName("gCar");
            cDetail[0].style.display = "block";
            cColor[0].style.display = "none";
        }
    </script>
</head>
<body>
    <div id = "main">
        <ul>
            <!-- 商品 1 -->
            <li onmouseover = "showCar(this)" onmouseout = "showPrice(this)">
                <img src = "images/1.jpg">
                <div class = "gPrice"><strong>¥3499.00</strong></div>
                <div class = "gCar">加入购物车</div>
            </li>
            <!-- 商品 2 -->
            <li onmouseover = "showCar(this)" onmouseout = "showPrice(this)">
                <img src = "images/2.jpg">
                <div class = "gPrice"><strong>¥2080.00</strong></div>
                <div class = "gCar">加入购物车</div>
            </li>
            <!-- 商品 3 代码省略 -->
            <!-- 商品 4 代码省略 -->
        </ul>
    </div>
</body>
</html>
```

方法一编程的缺点是，需要手动重复设置每个商品的 onmousemover 和 onmouseout 两个事件。假设商品数量过大，这种实现的方法就不合适了。

代码优化的思路是，通过 JavaScript 代码循环给元素节点绑定事件。

方法二：使用 var 声明循环变量，通过循环给对象绑定事件。

分析：

由于代码 for(var i=0; i< obj.length; i++)中 i 变量的作用域是离变量最近的那个方法内(window.onload=function(){})，故 i 的值不能传递到对象的 onmouseover、onmouseout 方法内。解决方法是，把循环变量 i 的值先赋给对象的 id 属性，通过 this.id 把当前对象的 id 属性值传递到对象的 onmouseover、onmouseout 方法内。

参考代码：

```
<!DOCTYPE html>
<html>
    <head>
        <!--省略 CSS 样式设置,同上 -->
        <script type="text/javascript">
        // window.onload 确保需要加载事件代码的元素节点已经加载
            window.onload = function(){
            var obj = document.getElementsByTagName("li");
            var showPrice = document.getElementsByClassName("gPrice")
            var showCar = document.getElementsByClassName("gCar")
            for(var i = 0;i < obj.length;i++){        //使用 var 声明循环变量 i
                obj[i].id = i;
                obj[i].onmouseover = function(){
                    showPrice[this.id].style.display = "none";
                    showCar[this.id].style.display = "block";
                }
                obj[i].onmouseout = function(){
                    showPrice[this.id].style.display = "block";
                    showCar[this.id].style.display = "none";
                }
            }
          }
        </script>
    </head>
    <body>
        <div id="main">
            <ul>
                <!-- 商品 1 -->
                <li>
                    <img src="images/1.jpg">
                    <div class="gPrice"><strong>¥3499.00</strong></div>
                    <div class="gCar">加入购物车</div>
                </li>
                <!-- 商品 2 -->
                <li>
                    <img src="images/2.jpg">
                    <div class="gPrice"><strong>¥2080.00</strong></div>
                    <div class="gCar">加入购物车</div>
                </li>
                <!-- 商品 3 代码省略 -->
                <!-- 商品 4 代码省略 -->
            </ul>
        </div>
    </body>
</html>
```

方法三：使用 let 声明循环变量，通过循环给对象绑定事件。

优化思路是，let 是 ES2015(ES6)新增的一个 JavaScript 关键字。let 声明的变量只在 let 命令所在的代码块内有效。在 ES6 之前，JavaScript 只有两种作用域：全局变量与函数内的局部变量。

因此，let 声明变量的作用域是离变量最近的那个块内“for (let i=0; i < obj.length; i++){}”。故可通过 let 声明变量 i，把值直接传入对象的方法内。

参考代码：

```
<!DOCTYPE html>
<html>
<head>
    <!--省略 CSS 样式设置，同上 -->
    <script type="text/javascript">
     window.onload = function(){
         var obj = document.getElementsByTagName("li");
         var showPrice = document.getElementsByClassName("gPrice")
         var showCar = document.getElementsByClassName("gCar")
         for(let i = 0;i < obj.length;i++){                  // let 声明循环变量 i
             obj[i].onmouseover = function(){
                 showPrice[i].style.display = "none";    //无须中转，直接 i 替换 this.id
                 showCar[i].style.display = "block";     //无须中转，直接 i 替换 this.id
             }
             obj[i].onmouseout = function(){
                 showPrice[i].style.display = "block";
                 showCar[i].style.display = "none";
             }
         }
     }
    </script>
</head>
<!--body 代码省略 -->
</html>
```

8.5 单击选项卡特效

【例 8-5】 单击选项卡，切换显示不同的内容。

运行效果如图 8-5 所示。

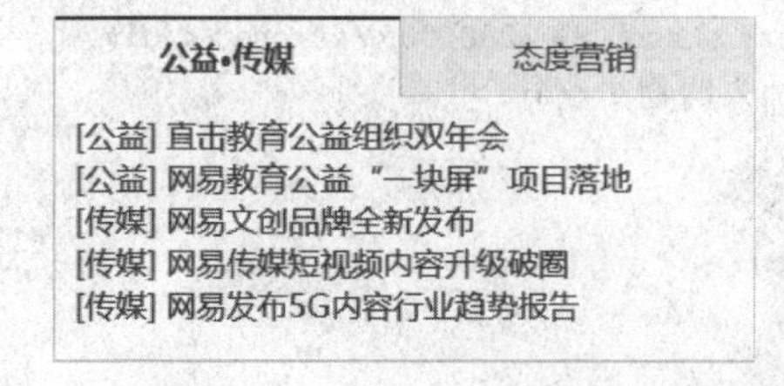

图 8-5 单击选项卡的效果

方法一：手动调用自定义函数。

分析：

把选项卡下标作为参数，传给自定义函数。先把所有项隐藏，然后设置指定项显示。

参考代码：

```
<!DOCTYPE html>
<html>
    <head>
        <meta charset="utf-8"><title></title>
        <style type="text/css">
            *{margin: 0px;padding: 0px;}
            .tab {width: 360px;height:170px;border: 1px #e5e5e5 solid;border-top: none;
                margin:10px auto;}
            .tab ul{list-style: none;}
            .tab a{text-decoration: none;color: #888;}
            .tab a:visited{color: #888;}
            .tab a:hover{ color: #ff3333;}
            .tab_nav {height: 38px;line-height: 38px;background: #f8f8f8;}
            .tab_nav li {float: left;width: 178px;text-align: center;font-size: 16px;
                        color: #888;border-top: 1px solid #e5e5e5;
                        border-bottom:1px solid #e5e5e5;}
            .tab_nav .current {background: #fff;color: #ff3333;font-weight: bold;
                              border-top: 2px solid #ff3333;
                              border-bottom:0px;}
             #rightBorder:first-child{border-right: 1px solid #e5e5e5;}
            .tab_main{margin:10px;}
        </style>
        <script type="text/javascript">
            function changeShow(num) {
                var menuObj = document.getElementsByClassName("tab_nav")[0]. children;
                var tabObj = document.getElementsByClassName("tab_panel");
                //隐藏所有项
                for(var i = 0;i < menuObj.length;i++){
                    menuObj[i].setAttribute("class","");
                    tabObj[i].style.display = "none";
                }
                //指定项显示
                menuObj[num].setAttribute("class","current");
                tabObj[num].style.display = "block";
            }
        </script>
    </head>
    <body>
        <div class="tab">
            <ul class="tab_nav">
                <li id="rightBorder" class="current" onclick="changeShow(0)">
                    <a href="#">公益·传媒</a>
                </li>
                <li><a href="#" onclick="changeShow(1)">态度营销</a></li>
            </ul>
            <div class="tab_main">
                <div class="tab_panel">
```

```
                <ul>
                    <li><a href="#">[公益] 直击教育公益组织双年会</a></li>
                    <li><a href="#">[公益] 网易教育公益"一块屏"项目落地</a></li>
                    <li><a href="#">[传媒] 网易文创品牌全新发布</a></li>
                    <li><a href="#">[传媒] 网易传媒短视频内容升级破圈</a></li>
                    <li><a href="#">[传媒] 网易发布 5G 内容行业趋势报告</a></li>
                </ul>
            </div>
            <div class="tab_panel" style="display: none;">
                <ul>
                    <li><a href="#">[营销]维意定制欧阳熙:捕捉下一个风口</a></li>
                    <li><a href="#">[营销]九阳司振明:如何悦享品质生活</a></li>
                    <li><a href="#">[营销]创佳绩!2019 ECI Awards,网易...</a></li>
                    <li><a href="#">[营销]睿享生活,未来可圈...</a></li>
                    <li><a href="#">[营销]戛纳红毯究竟有多长?... </a></li>
                    </ul>
                </div>
            </div>
        </div>
    </body>
</html>
```

方法二：通过循环给对象绑定事件。

通过 JavaScript 脚本,可以给每个超链接对象添加 onclick 事件代码。

参考代码：

```
<!DOCTYPE html>
<html>
    <head>
        <meta charset="utf-8"><title></title>
        <!--省略 CSS 样式,同上-->
        <script type="text/javascript">
            window.onload = function(){
             //获取节点
            var menuObj = document.getElementsByClassName("tab_nav")[0].children;
                var tabObj = document.getElementsByClassName("tab_panel");
             //节点长度
                let maxC = menuObj.length;
                //循环设置
                for(let i = 0;i < maxC;i++){
                    menuObj[i].onclick = function(){
                        //所有项隐藏
                        for(let j = 0;j < maxC;j++){
                            menuObj[j].setAttribute("class","");
                            tabObj[j].style.display = "none";
                        }
                        //指定项显示
                        menuObj[i].setAttribute("class","current");
                        tabObj[i].style.display = "block";
                    }
                }
```

```
        }
    </script>
</head>
<body>
    <div class="tab">
        <ul class="tab_nav">
            <li id="rightBorder" class="current"><a href="#">公益·传媒</a></li>
            <li><a href="#">态度营销</a></li>
        </ul>
        <!--省略列表项内容,同上 -->
    </div>
</body>
</html>
```

8.6 图片轮显效果

【例 8-6】 运用定时器功能,控制图片按时显示与隐藏。

运行效果如图 8-6 所示。

图 8-6 图片轮显效果

分析:

要实现图片轮显效果,需用 window 对象的 setInterval()方法,定时调用控制图片轮显的自定义函数。轮显的图片从第一张到最后一张循环显示。getElementsByTagName("img")方法返回值是伪数组,图片显示编号对应数组下标,数组下标是从 0 开始。当显示图片的编号恒等于最大的图片数量,图片显示编号重新赋值 0。由于在代码运行过程中图片显示编号不停地被自定义函数调用更新,故这个变量必须是全局变量,定义在自定义函数的外面。

参考代码：

```
<! DOCTYPE html >
< html >
< head >
    < meta charset = "UTF - 8">< title ></title >
    < style type = "text/css">
        * {margin:0px;padding - left: 0px}
        body{background - color: # ebebeb}
        #main{width: 938px;height:400px;margin:0px auto;}
        img{display: none;}
    </style >
    < script type = "text/javascript">
        //当前显示图片的编号,全局变量
        var count = 0
        //自定义函数,控制图片显示与隐藏
        function showImg(){
            var obj = document.getElementById('main');
            var imgs = obj.getElementsByTagName("img");
            var maxShow = imgs.length;
            //控制显示图片的编号,如果图片编号超过最大值,则显示第一张图片
            count++;
            if (count == maxShow) {
                count = 0;
            }
            //循环设置所有图片隐藏
            for(var i = 0;i < maxShow;i++){
                imgs[i].style.display = "none";
            }
            //指定编号的图片显示
            imgs[count].style.display = "block";
        }
        //每隔 3 秒调用 showImg 函数,控制图片显示与隐藏
        var timer = setInterval(showImg,3000)
    </script >
</head >
< body >
    < div id = "main">
        <!-- 轮显图片 -->
        < img src = "images/b11.jpg" style = "display: block;">
        < img src = "images/b12.jpg">
        < img src = "images/b13.jpg">
    </div >
</body >
</html >
```

【例 8-7】 图片与导航小图标同步变化。运行效果如图 8-7 所示。

分析：

导航小图标可用无序列表去实现。设置 li 的样式为“width：16px；height：16px；

图 8-7　图片与导航小图标同步变化

border-radius：50％"，则显示圆的图标效果。要实现图片与导航小图标同步变化，只须使显示的编号一致即可。

参考代码：

```
<!DOCTYPE html>
<html>
<head>
    <meta charset = "UTF - 8">
    <title></title>
    <style type = "text/css">
        * {margin:0px;padding - left: 0px}
        body{background - color: #ebebeb}
        #main{width: 938px;height:400px;margin:0px auto;position: relative;}
        img{display: none;}
        #main ul{position: absolute;left: 600px;bottom: 50px;}
        #main ul li{list - style: none;width: 16px;height: 16px;background: #fff;
                    float: left;margin - right: 8px;border - radius: 50 % }
    </style>
    <script type = "text/javascript">
        //当前显示图片的编号,全局变量
        var count = 0
         //自定义函数,控制图片显示与隐藏
        function showImg(){
            var obj = document.getElementById('main');
            var imgs = obj.getElementsByTagName("img");
            var lis = obj.getElementsByTagName('li');
            var maxShow = imgs.length;
            //控制显示图片的编号,如果图片编号超过最大值,则显示第一张图片
            count++;
            if (count == maxShow) {
```

```
                count = 0;
            }
            //循环设置所有图片隐藏,所有图标背景白色
            for(var i = 0;i < maxShow;i++){
                imgs[i].style.display = "none";
                lis[i].style.background = '#FFF';
            }
            //指定编号的图片显示,指定编号图标背景为红色
            imgs[count].style.display = "block";
            lis[count].style.background = '#A10000';
        }
        //每隔 3 秒调用 showImg 函数,控制图片显示与隐藏
        var timer = setInterval("showImg()",3000)
    </script>
</head>
<body>
    <div id = "main">
        <!-- 轮显图片 -->
        <img src = "images/b11.jpg" style = "display: block;">
        <img src = "images/b12.jpg">
        <img src = "images/b13.jpg">
        <!-- 导航小图标 -->
        <ul>
            <li style = "background: #A10000;"></li>
            <li></li>
            <li></li>
        </ul>
    </div>
</body>
</html>
```

【例 8-8】 给导航小图标添加单击事件。

分析:

将光标移到导航小图标,清除定时器,切换显示对应编号的图片,并记录当前编号,作为下次启动定时器、图片编号变化的依据。当光标移出导航小图标时,启动定时器。启动定时器会返回 ID 号,清除定时器需根据 ID 停止定时器的运行。

参考代码:

```
<!DOCTYPE html>
<html>
<head>
    <meta charset = "UTF-8"> <title></title>
    <!-- 省略 CSS 样式设置,同上 -->
    <script type = "text/javascript">
      window.onload = function(){
        var count = 0;                                    //当前显示图片的编号,全局变量
```

```
        var obj = document.getElementById('main');
        var imgs = obj.getElementsByTagName("img");
        var lis = obj.getElementsByTagName('li');
        var maxShow = imgs.length;
        //自定义函数,控制图片显示与隐藏
        function showImg(){
            //控制显示图片编号,如果图片编号超过最大值,则显示第一张图片
            count++;
            if (count == maxShow) {
                count = 0;
            }
            //循环设置所有图片隐藏,所有图标背景为白色
            for(var i = 0;i < maxShow;i++){
                imgs[i].style.display = "none";
                lis[i].style.background = '#FFF';
            }
            //指定编号的图片显示,指定编号的图标背景为红色
            imgs[count].style.display = "block";
            lis[count].style.background = '#A10000';
        }
        //每隔 3 秒调用 showImg 函数,控制图片显示与隐藏
        var timer = setInterval(showImg,3000)
        //循环,通过 JavaScript 脚本给图标 li 添加单击事件
        for (let i = 0;i < maxShow;i++) {
            //光标移到导航图标时,停止定时器运行,并记录循环序号
            lis[i].onmouseover = function(){
                    clearInterval(timer);              //停止定时器
                    //循环,让所有的图片隐藏,让所有的图标变成白色
                    for (let j = 0;j < maxShow;j++) {
                        imgs[j].style.display = 'none';
                        lis[j].style.background = '#FFF';
                    }
                    //让序号 i 对应的图片显示,对应图标变成红色
                    imgs[i].style.display = 'block';
                    lis[i].style.background = '#A10000';
                    count = i;                         //重设循环序号
            }
            //光标移出导航图标时,启动定时器
            lis[i].onmouseout = function(){
                timer = setInterval(showImg,3000)
            }
        }
    }
  </script>
</head>
<body>
    <!-- 省略 HTML 代码,同上 -->
</body>
</html>
```

【例 8-9】 添加向左、向右图标按钮实现循环显示图片。

分析：

单击向左、向右图标按钮，可以显示前一条记录、后一条记录。单击向左图标按钮，如果当前索引号为 0，则显示最后一张图片。单击向右图标按钮，如果当前索引号为最后一张图片的索引号，则显示第一张图片。通过向左、向右图标按钮实现循环显示图片，如图 8-8 所示。

图 8-8 添加向左按钮、向右图标按钮

参考代码：

```
<!DOCTYPE html>
<html>
<head>
    <meta charset="UTF-8"><title></title>
    <style type="text/css">
        *{margin:0px;padding-left: 0px}
        body{background-color: #ebebeb }
        #main{width: 938px;height:400px;margin:0px auto;position: relative;}
        #main ul{position: absolute;left: 600px;bottom: 50px;}
        #main ul li{list-style: none;width: 16px;height: 16px;background: #fff;
                float: left; margin-right: 8px;border-radius: 50%}
        .btns{position:absolute; width:60px; height:60px; top:50%;margin-top: -25px;
            line-height:57px;text-align:center;font-weight:700;cursor:pointer;
            z-index:100;}
        #next{right:0px;background-image: url("images/banner_btn_right.png");}
        #prev{left:0px; background-image: url("images/banner_btn_left.png");}
    </style>
    <script type="text/javascript">
        //注意:用多种方式控制同一块元素效果的时候,一定要使用同一个变量
        //window.onload 确保添加事件代码的对象已经加载
        window.onload = function(){
            var count = 0;                    ////当前显示图片的编号,全局变量
            var obj = document.getElementById('main');
```

```
var imgs = obj.getElementsByTagName("img");
var lis = obj.getElementsByTagName('li');
var maxShow = imgs.length;
var timer;
//自定义函数,显示前一条记录
function slideLeft(){
    count-- ;
    if(count == -1){ count  = maxShow - 1; }
    //循环设置所有图片隐藏,所有图标背景为白色
    for(var i = 0;i < maxShow;i++){
        imgs[i].style.display = "none";
        lis[i].style.background  =  '#FFF';
    }
    //指定编号的图片显示,指定编号的图标背景为红色
    imgs[count].style.display = "block";
    lis[count].style.background  =  '#A10000';
}
//自定义函数,显示下一条记录
function slideRight(){
    //控制显示图片编号,如果图片编号超过最大值,则显示第一张图片
    count++;
    if (count == maxShow) {
        count = 0;
    }
    //循环设置所有图片隐藏,所有图标背景为白色
    for(var i = 0;i < maxShow;i++){
        imgs[i].style.display = "none";
        lis[i].style.background  =  '#FFF';
    }
    //指定编号的图片显示,指定编号图标背景为红色
    imgs[count].style.display = "block";
    lis[count].style.background  =  '#A10000';
}
//向左按钮绑定单击事件
var btnP = document.getElementById("prev");
btnP.onclick = function(){
    clearInterval(timer);                       //停止定时器
    slideLeft();                                //显示图片
    timer = setInterval(slideRight,3000)  /启动定时器
}

//向右按钮绑定单击事件
var btnN = document.getElementById("next");
btnN.onclick = function(){
    clearInterval(timer);                       //停止定时器
    slideRight();                               //显示图片
    timer = setInterval(slideRight,3000)  //启动定时器
}
//循环,图标 li 绑定单击事件
```

```
            for (let i = 0;i < maxShow;i++) {
                //鼠标移到导航图标,停止定时器运行,并记录循环编号
                lis[i].onmouseover = function(){
                    clearInterval(timer);              //停止定时器
                    //循环,让所有的图片隐藏,让所有的图标变成白色
                    for (let j = 0;j < maxShow;j++) {
                        imgs[j].style.display = 'none';
                        lis[j].style.background = '#FFF';
                    }
                    //让编号 i 对应的图片显示,对应图标变成红色
                    imgs[i].style.display = 'block';
                    lis[i].style.background = '#A10000';
                    count = i;                         //重设循环序号
                }
                //鼠标移出导航图标,启动定时器
                lis[i].onmouseout = function(){
                    timer = setInterval(slideRight,3000)
                }
            }
            //每隔 3 秒调用 slideRight 函数,控制图片显示与隐藏
            timer = setInterval(slideRight,3000)
        }
    </script>
</head>
<body>
    <div id="main">
        <!-- 轮显图片 -->
        <img src="images/b11.jpg">
        <img src="images/b12.jpg" style="display: none;">
        <img src="images/b13.jpg" style="display: none;">
        <!-- 导航小图标 -->
        <ul>
            <li style="background: #A10000;"></li>
            <li></li>
            <li></li>
        </ul>
        <div class="btns" id="prev"></div>
        <div class="btns" id="next"></div>
    </div>
</body>
</html>
```

8.7 无限加载效果

要实现无限加载的效果,首先要了解无限加载的原理,涉及的参数如图 8-9 所示。

document.documentElement 属性以一个元素对象返回一个文档的 HTML 元素,根据返回的元素对象,获得各个区域的信息。

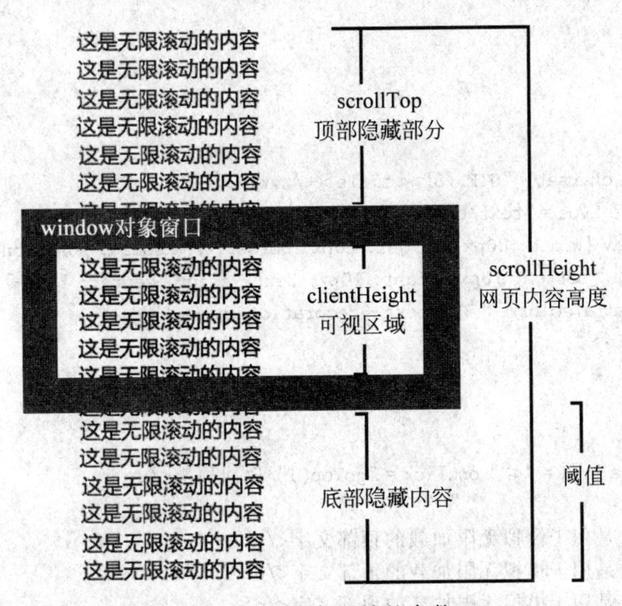

图 8-9　网页各区域的参数

网页全文高度：document. documentElement. scrollHeight。

网页可视区域高度：document. documentElement. clientHeight。

网页可见区域高度(包括边线的高)：document. documentElement. offsetHeight。

网页顶部隐藏的高度：document. documentElement. scrollTop。

网页底部隐藏的高度＝网页全文的高度－网页顶部隐藏的高度－窗口可视区域的高度。

要实现无限加载，首先要设置无限加载的触发条件，当底部隐藏内容高度小于阈值(自己设置)时，则在原有基础上，页面底部自动新增内容。

【例 8-10】　拖动滚动条，可以无限加载内容，单击“返回顶部”可以快速返回顶部。

运行效果如图 8-10 所示。

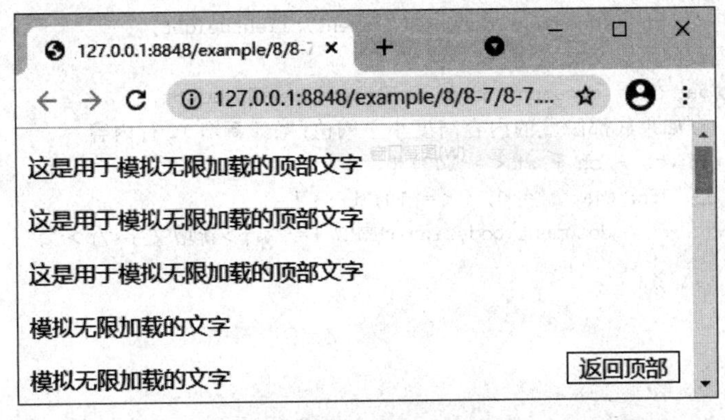

图 8-10　无限加载的初始效果

参考代码：

```
<!DOCTYPE html>
<html>
    <head>
        <meta charset="UTF-8"><title></title>
        <style type="text/css">
            nav {width: 80px; height: 20px; border: 1px solid; position: fixed;
                bottom: 10px; right: 10px; text-align: center; line-height: 20px;}
            nav a{color: #333;text-decoration: none;}
        </style>
    </head>
    <body>
        <nav>
            <a href="#" onclick="goTop()">返回顶部</a>
        </nav>
        <p>这是用于模拟无限加载的顶部文字</p>
        <p>这是用于模拟无限加载的顶部文字</p>
        <p>这是用于模拟无限加载的顶部文字</p>
        <p>模拟无限加载的文字</p>
        <p>模拟无限加载的文字</p>
        <p>模拟无限加载的文字</p>
        <!-- 省略代码,运行调试时需补充,使其页面高度超过一屏 -->
    </body>
    <script type="text/javascript">
        //返回顶部,即顶部隐藏内容的高度为 0
        function goTop() {
            document.documentElement.scrollTop = 0;
        }
        //加载 onscroll 事件
        window.onscroll = function() {
            //顶部隐藏的高度
            var st = document.documentElement.scrollTop;
            //窗口可视区域的高度
            var ch = document.documentElement.clientHeight;
            //网页全文总高度
            var sh = document.documentElement.scrollHeight;
            //如果底部隐藏的内容高度小于阈值,尾部新增 10 行内容
            if (sh - ch - st <= 100) {
                for (var i = 0; i <= 10; i++) {
                    document.body.innerHTML += "<p>新增文字</p>";
                }
            }
        }
    </script>
</html>
```

【例 8-11】 模拟瀑布流无限加载图片。

运行效果如图 8-11 所示。

图 8-11 瀑布流方式无限加载图片

分析：

本例中，瀑布流所有的图片保持宽度一致，高度由内容决定。针对特定的显示终端，瀑布流的列数是固定的。定义一个数组，它的长度与页面显示的图片列数一致，即数组下标对应列数，因此该数组每个成员可保存对应列的高度。通过循环遍历数组，可以找出最小列的高度和编号。通过动态设置图片的 top 值、left 值，就可实现瀑布流布局。

首先定义两种 div，父 div 是容器，通过 CSS 把它设置为相对定位；子 div 用于控制图片显示位置，设置为绝对定位。然后根据基础数据（父 div 宽度、子 div 显示宽度）求出列数，从而求出图片间的水平间距（也作为垂直方向的图片间距）。编写自定义函数 getMin(arr)，获取数组中最小值（列高）及下标。编写自定义函数 waterFull()，动态设置每个子 div 的 left、top 属性值，实现瀑布流布局。瀑布流布局参数关系如图 8-12 所示。刷新页面时，首先对 6 张图片进行布局，其余图片通过 window 对象的 onmousewheel 事件控制数据加载。

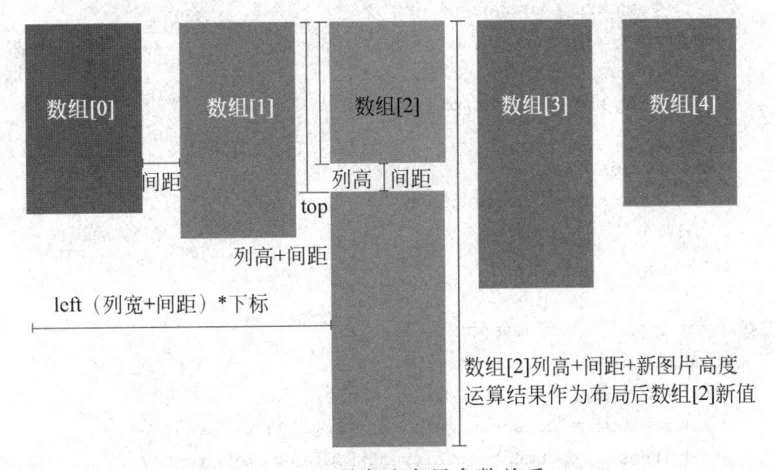

图 8-12 瀑布流布局参数关系

注意：在本例中，获取或者设置一个元素里滚动的距离（垂直），选用 window 对象的 pageYOffse 属性，其实与前面例子中 DOM 对象的 scrollTop 属性相同。

```
document.documentElement.scrollTop === window.pageYOffset
```

获取浏览器窗口高度时，本例用到 window.innerHeight，它仅仅是可视区域 DOM 的 height，而与前面用到的 document.documentElement.clientHeight 略有不同，后者包括 padding + height。

参考代码：

```
<!DOCTYPE html>
<html>
    <head>
        <meta charset="utf-8"><title></title>
        <style type="text/css">
            *{margin: 0; padding: 0;}
            #itemBox{position: relative;}
            .item{width:192px;border: 1px solid #ccc; padding: 4px; position: absolute;}
            .item img{width: 100%;}
        </style>
    </head>
    <body>
        <div id="itemBox">
            <div class="item">
                <img src="images/p1.jpg">
            </div>
            <div class="item">
                <img src="images/p2.jpg">
            </div>
            <div class="item">
                <img src="images/p3.jpg">
            </div>
            <div class="item">
                <img src="images/p4.jpg">
            </div>
            <div class="item">
                <img src="images/p5.jpg">
            </div>
            <div class="item">
                <img src="images/p6.jpg">
            </div>
        </div>

        <script type="text/javascript">
          window.onload = function () {
            // 获取相关元素节点(父 div、子 div)
            var itemBox = document.getElementById('itemBox');
            var items = document.getElementsByClassName('item');
            // 获取窗口宽度
            var itemBoxW = itemBox.offsetWidth;
            // 获取图片显示宽度(宽 192 + 左右填充 8 + 左右线宽 2 = 202px)
            var itemW = items[0].offsetWidth;
```

```
// 求出第一行的列数
var column = parseInt(itemBoxW / itemW);
// 求出第一行的间距,作为图片水平、垂直的间距
var space = (itemBoxW - itemW * column) / (column - 1);
// 定义一个空数组,用于存储每列高度
var arr = [ ];
// 定义实现瀑布流布局的方法
function waterFull() {
    //遍历所有图片项
    for (var i = 0; i < items.length; i++) {
        //图片下标小于列数,说明图片显示在第一行
        if (i < column) {
            //第一行图片布局,设置图片 left 值即可
            items[i].style.left = (itemW + space) * i + 'px';
            //数组保存每列高度,即第一行图片各自高度
            arr[i] = items[i].offsetHeight;
        }
        else {
            //图片下标大于列数,说明布局第二行、第三行...
            var minV = getMin(arr).minV;      //获取最短列的高度
            var minI = getMin(arr).minI;      //获取最短列的下标
            //加载图片绝对定位,设置加载图片 left、top 属性值
            items[i].style.left = (itemW + space) * minI + 'px';
            items[i].style.top = minV + space + 'px';
            //图片排版到指定位置后,需保存排版列的新高度
            arr[minI] = minV + space + items[i].offsetHeight;
        }
    }
}
// 获取数组的最小值以及下标
function getMin (arr) {
    //定义空对象
    var obj = {};
    //循环求出数组最小值和下标,保存到对象的 minV、minI 属性中
    obj.minV = arr[0];
    obj.minI = 0;
    for (var i = 1; i < arr.length; i++) {
        if (obj.minV > arr[i]) {
            obj.minV = arr[i];
            obj.minI = i;
        }
    }
    return obj;
}
//打开页面时,进行首次 6 张图片布局
waterFull();
//由于右侧初始没出现滚动条,故改为鼠标 onmousewheel 事件
window.onmousewheel = function () {
//判断页面高度是否大于最小列高,超出说明页面有空白,需加载数据
```

```
                    if (window.pageYOffset + window.innerHeight > getMin(arr).minV) {
                        var json = [
                            { "src": "images/p1.jpg" },
                            { "src": "images/p2.jpg" },
                            { "src": "images/p3.jpg" },
                            { "src": "images/p4.jpg" },
                            { "src": "images/p5.jpg" },
                            { "src": "images/p6.jpg" },
                            { "src": "images/p7.jpg" },
                            { "src": "images/p8.jpg" },
                            { "src": "images/p9.jpg" },
                        ];
                        //循环添加 JSON 变量中对应的图片
                        for (var i = 0; i < json.length; i++) {
                            //创建添加节点<div class = "item">< img src = ""></div>
                            var div = document.createElement('div');
                            div.className = 'item';
                            var img = document.createElement('img');;
                            img.src = json[i].src;
                            div.appendChild(img);
                            itemBox.appendChild(div);
                        }
                        waterFull();                          //添加节点后,页面重新渲染
                    }
                }
            }
        </script>
    </body>
</html>
```

8.8 页面滚动效果

有的页面在向下滚动的时候有些元素会产生细小的动画效果,虽然动画比较小,但很吸引用户的注意,如中国设计联盟网站的页面。要实现这个效果,可以使用 WOW.js 来实现。WOW.js 依赖 animate.css,所以它支持 animate.css 多达 60 多种的动画效果,能满足客户的各种需求。

使用方法如下。

(1) 引入文件。

```
< link rel = "stylesheet" href = "css/animate.css">
```

(2) HTML 代码如下。

```
< img src = "image/c0.jpg" class = "wow fadeInLeftLeft">
< img src = "image/c12.jpg" class = "wow fadeInLeftRight">
```

为增强页面显示效果,可加入 data-wow-duration(动画持续时间)、data-wow-delay

(动画延迟时间)属性。

(3) JavaScript 代码如下。

```
new WOW().init();
```

如果需要自定义配置,可参考如下使用方法。

```
var wow = new WOW({
    boxClass: 'wow',                          //需要执行动画的元素的 class
    animateClass: 'animated',                 //animation.css 动画的 class
    offset: 0,                                //距离可视区域多少开始执行
动画
    mobile: true,                             //是否在移动设备上执行动画
    live: true                                //异步加载的内容是否有效
});
wow.init();
```

【例 8-12】 当刷新页面的时候,通过 WOW.js,使页面元素产生细小的动画效果。左侧第 1 列的图形从左淡入,其余 3 列的图片从右淡入。页面刷新效果如图 8-13 所示。

图 8-13　页面刷新效果

参考代码:

```
<!DOCTYPE html>
<html>
    <head>
        <meta charset = "utf - 8"><title></title>
        <style type = "text/css">
            #main{width:1200px;margin: 0 auto;}
        </style>
        <link rel = "stylesheet" href = "css/animate.css">
    </head>
    <body>
        <div id = "main">
            <div>
                <img src = "image/c0.jpg" class = "wow fadeInLeftLeft">
                <img src = "image/c12.jpg" class = "wow fadeInLeftRight">
                <img src = "image/c13.jpg" class = "wow fadeInLeftRight">
                <img src = "image/c14.jpg" class = "wow fadeInLeftRight">
```

```
            </div>
            <div>
                <img src="image/c15.jpg" class="wow fadeInLeftLeft">
                <img src="image/c16.jpg" class="wow fadeInLeftRight">
                <img src="image/c18.jpg" class="wow fadeInLeftRight">
                <img src="image/c19.jpg" class="wow fadeInLeftRight">
            </div>
        </div>
        <script src="js/wow.min.js"></script>
        <script type="text/javascript">
            //判断浏览器版本
            if (!(/msie [6|7|8|9]/i.test(navigator.userAgent))) {
                new WOW().init();
            };
        </script>
    </body>
</html>
```

8.9 表单验证

【例 8-13】 单击表单中的“提交”按钮，先对表单控件内容进行验证，符合条件则跳转新页面。

运行效果如图 8-14 所示。

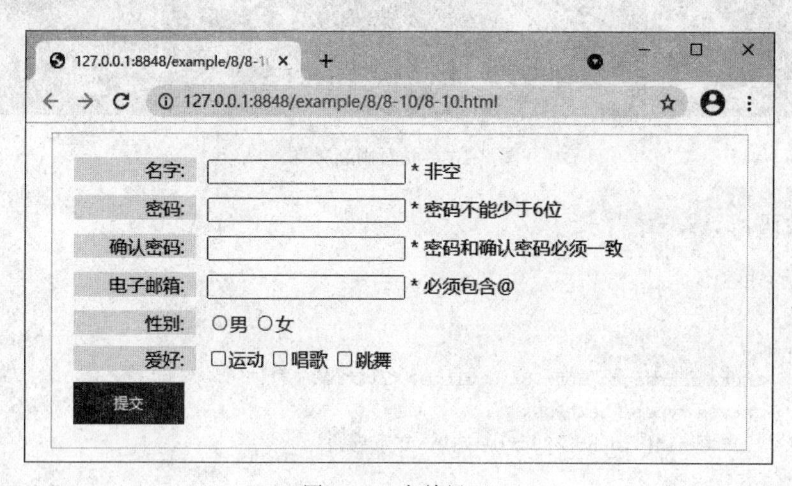

图 8-14 表单界面

分析：

(1) 表单结构。表单由表单元素<form>、表单控件(<input>、<label>、<select>、<option>、<button>、<textarea>等)组成，其结构如下。

```
<form id="form1" method="post" action=" url" onsubmit="return check()">
    <input type="text" name="username" value=""/>
    ...
```

```
    <button type = "submit">提交</button>
</form>
```

(2) 表单元素<form>的常用属性和事件如下。

① method 属性：表单提交数据的方式，默认为 POST，把所有请求的参数名和值放在 HTML HEADER 中传输，这种方式的优点是安全性较高，并且对请求的数据没有要求，可以传输很大的数据。GET 请求会将请求的参数名和值转换成字符串，并附加在原 URL 之后，因此，在地址栏上可以看到请求的参数，缺点是传输的数据量比较小。

② action 属性：当单击表单的“提交”按钮时，规定向何处发送表单数据，值为 URL。

③ onsubmit 事件：在表单提交时，会触发 onsubmit 事件。当提交表单时，先执行 onsubmit 事件的 JavaScript 验证，如果返回值为 true 或者没有返回值，则通过 action 转向目标地址。如果验证返回 false 时，则无法到达 action＝"url"地址。也就是说，onsubmit 可以阻止 action 的提交。需要注意的是：onSubmit＝"return check();"，这里的 return 是一定要写的。

(3) “提交”按钮<button>。单击“提交”按钮，会触发按钮的点击事件(onclick)。onclick 处理的 JavaScript 验证，返回值也可以控制表单是否能被提交。

(4) 实现表单验证的途径。在提交表单前，一般都会进行数据验证，可以选择在提交按钮的 onclick 事件中验证，也可以在 onsubmit 事件中验证。但 onclick 比 onsubmit 更早地被触发。

表单提交过程：用户单击“提交”按钮→触发“提交”按钮的 onclick 事件→onclick 返回 true 或未处理 onclick→触发 onsubmit 事件→onsubmit 未处理或返回 true→提交表单。

如果 onclick 处理函数返回 false，onsubmit 处理函数返回 false，都不会引起表单提交。

本例选择在表单元素的 onsubmit 事件中验证。

(5) 设计表单验证的代码。

```
<script type = "text/javascript">
    function check() {
        if (document.getElementsByName("mm")[0].value == "") {
            alert("请输入密码");
            return false;
        }
        //省略其他验证代码
        return true;
    }
</script>
```

在自定义函数 check()中，先进行判断表单数据是否符合条件，一旦有不符合的，就弹出警告框(aler())，然后执行“return false; ”语句，自定义函数 check()就中途退出，不再继续往下执行，程序把 false 返回给调用的 onsubmit 事件，因此 onsubmit＝"return check()"语句的运行结果为 onsubmit="return false",从而阻止表单的提交。

如果表单数据都符合验证条件,就执行自定义函数 check()中最后一条语句"return true;",故程序把 true 返回给调用的 onsubmit 事件,从而完成表单提交前验证。

参考代码:

```
<!DOCTYPE html>
<html>
    <head>
        <meta charset="UTF-8"><title></title>
        <style type="text/css">
            #main {margin: 0 auto; width: 600px; border: 1px solid #ddd; padding: 10px;}
            .list-box {clear: both; padding: 10px;}
            .list-title {width: 100px; float: left; text-align: right; padding-right: 10px;
                background-color: #f2f2f2;}
            .list-item {width: 400px; float: left; text-align: left; padding-left: 10px;}
            #btn {width: 100px; height: 36px;line-height: 36px;
                background-color: #C25045;color: #fff;border: 0;}
        </style>
        <script type="text/javascript">
            function check() {
                //用户名非空验证,先获取 name 为 username 的表单控件对象集合
                //结果是伪数组,保存到变量 username
                var username = document.getElementsByName("username");
                //符合条件的表单控件只有一个,从伪数组[0]可取出指定对象
                if (username[0].value == "") {
                    alert("请输入名字");
                    return false;
                }
                //密码非空验证
                var psw = document.getElementsByName("psw");
                if (psw[0].value == "") {
                    alert("请输入密码");
                    return false;
                }
                //要求密码长度必须大于等于 6
                if (psw[0].value.length < 6) {
                    alert("密码不能小于 6 位");
                    return false;
                }
                //要求密码和确认密码必须一致
                var repsw = document.getElementsByName("repsw");
                if (psw[0].value != repsw[0].value) {
                    alert("密码不相同");
                    return false;
                }
```

```
            //邮箱非空验证
            var email = document.getElementsByName("email");
            if (email[0].value == "") {
                alert("请输入邮箱");
                return false;email
            }
            //要求密码必须包含@,用到字符串的 indexOf()方法
            if (email[0].value.indexOf("@") == -1) {
                alert("邮箱必须包含@");
                return false;
            }
            //性别验证
            var sex = document.getElementsByName("sex");
            if (!sex[0].checked && !sex[1].checked) {
                alert("请选择性别");
                return false;
            }
            //爱好验证
            var hobby = document.getElementsByName("hobby");
            if (!hobby[0].checked && !hobby[1].checked && !hobby[2].checked) {
                alert("请选择爱好");
                return false;
            }
            return true;
        }
    </script>
</head>
<body>
<div id = "main">
    <!-- 表单元素 form,测试选 get 提交方式 -->
    <form id = "form1" method = "get" action = "https://study.163.com/"
          onsubmit = "return check();">
    <!-- 用户名 -->
    <div class = "list - box">
        <lable class = "list - title">名字:</lable>
        <div class = "list - item"><input type = "text" name = "username" /> * 非空</div>
    </div>
    <!-- 密码 -->
    <div class = "list - box">
        <lable class = "list - title">密码:</lable>
        <div class = "list - item"><input type = "password" name = "psw" />
           * 密码不能少于 6 位</div>
    </div>
    <!-- 确认密码 -->
    <div class = "list - box">
        <lable class = "list - title">确认密码:</lable>
```

```
            <div class = "list - item">< input type = "password" name = "repsw" />
                  * 密码和确认密码必须一致</div>
        </div>
    <!-- 电子邮箱 -->
    <div class = "list - box">
        <lable class = "list - title">电子邮箱:</lable>
        <div class = "list - item">< input type = "text" name = "email" /> * 必须包含@</div>
    </div>
    <!-- 性别 -->
    <div class = "list - box">
        <lable class = "list - title">性别:</lable>
        <div class = "list - item">
            < input type = "radio" name = "sex" value = "男" />男
            < input type = "radio" name = "sex" value = "女" />女
        </div>
    </div>
    <!-- 爱好 -->
    <div class = "list - box">
        <lable class = "list - title">爱好:</lable>
            <div class = "list - item">
                < input type = "checkbox" name = "hobby" value = "运动" />运动
                < input type = "checkbox" name = "hobby" value = "唱歌" />唱歌
                < input type = "checkbox" name = "hobby" value = "跳舞" />跳舞
                </div>
            </div>
            <!-- 提交按钮 -->
            <div class = "list - box">
                <button type = "submit" id = "btn">提交</button>
            </div>
        </form>
    </div>
</body>
</html>
```

8.10 可视化图表

【例 8-14】 Apache ECharts 是一款由百度前端技术部开发的、基于 JavaScript 的开源可视化图表库。要求借助 Echarts 进行数据可视化展现,效果如图 8-15 所示。

分析:

(1) 获取 ECharts。从 Apache ECharts 官网(http://echarts.apache.org/zh/)下载获取官方源码包。

(2) 引入 Echarts。

```
<script src = "js/echarts.min.js"></script>                    //注意文件保存位置
```

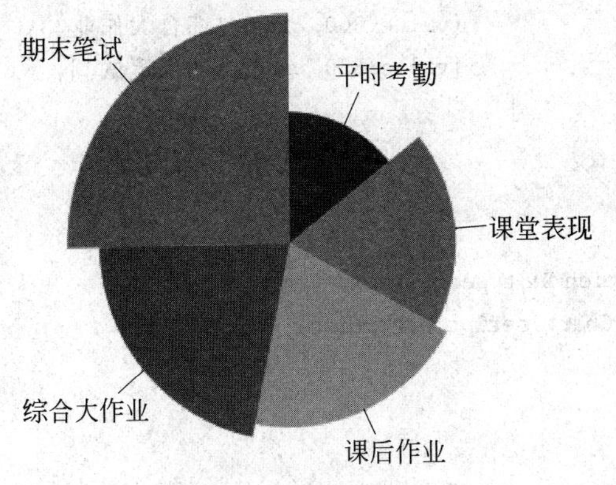

图 8-15 课程考核方式

(3) 绘制一个简单的图表。在绘图前需要为 ECharts 准备一个具备高宽的 DOM 容器。

```
<body>
    <!-- 为 ECharts 准备一个具备大小(宽高)的 DOM -->
    <div id = "main" style = "width: 500px;height:500px;"></div>
</body>
```

然后就可以通过 echarts.init 方法初始化一个 echarts 实例并通过 setOption 方法生成一个简单的南丁格尔图。

参考代码：

```
<!DOCTYPE html>
<html>
    <head><meta charset = "utf-8"><title></title></head>
    <body>
        <div id = "container" style = "width: 500px;height:500px;"></div>
        <script type = "text/javascript" src = "js/echarts.min.js"></script>
        <script type = "text/javascript">
            var dom = document.getElementById("container");
            var myChart = echarts.init(dom);
            var app = {};
            var option = {
                series : [
                    {
                        name: '期末成绩',
                        type: 'pie',
                        radius: '55%',
                        roseType: 'angle',
                        data:[
                            {value:200, name:'平时考勤'},
                            {value:260, name:'课堂表现'},
                            {value:280, name:'课后作业'},
```

```
                    {value:300, name:'综合大作业'},
                    {value:350, name:'期末笔试'}
                ]
            }
        ]
    };
    if (option && typeof option ===  'object') {
        myChart.setOption(option);
    }
  </script>
 </body>
</html>
```

本 章 小 结

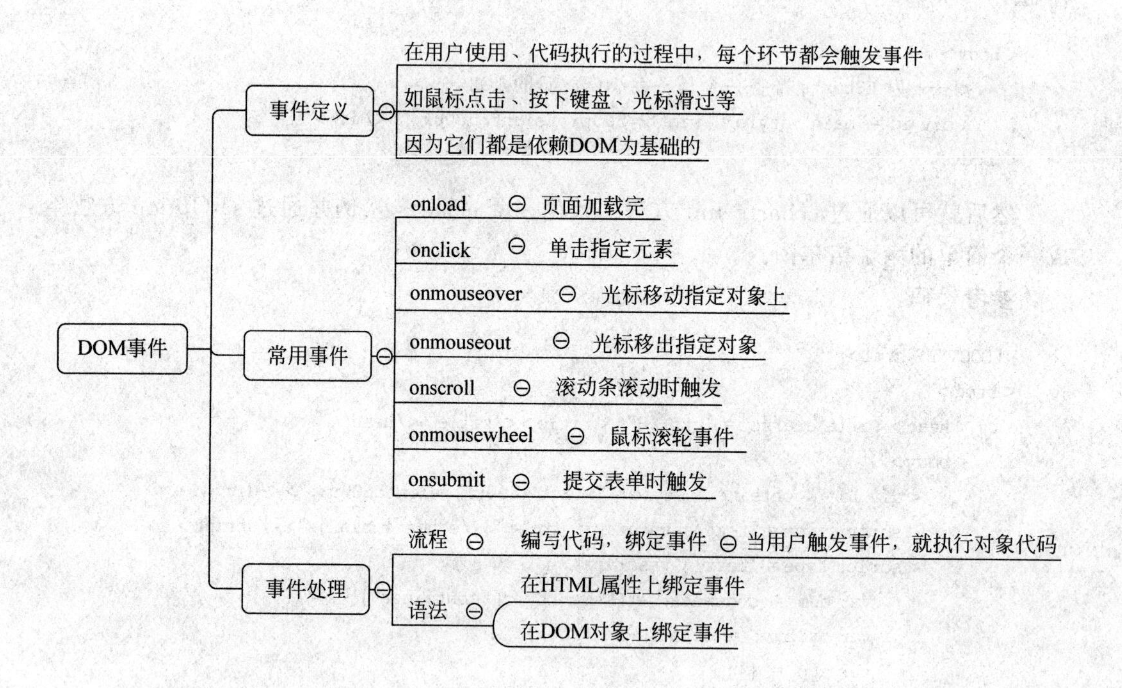

练 习 8

完成创维设计网站首页的制作，效果如图 8-16 所示。

具体要求：通过 JavaScript 实现光标移过菜单项时出现对应的子菜单。中间的 Banner 用定时器实现图片轮显的效果。共享图库等可以使用 WOW.js 来实现。单击右下角的“向上”图标，可以返回页面顶部。登录/注册页面设计，可以自由发挥，但单击“提交”按钮前，需进行表单验证。

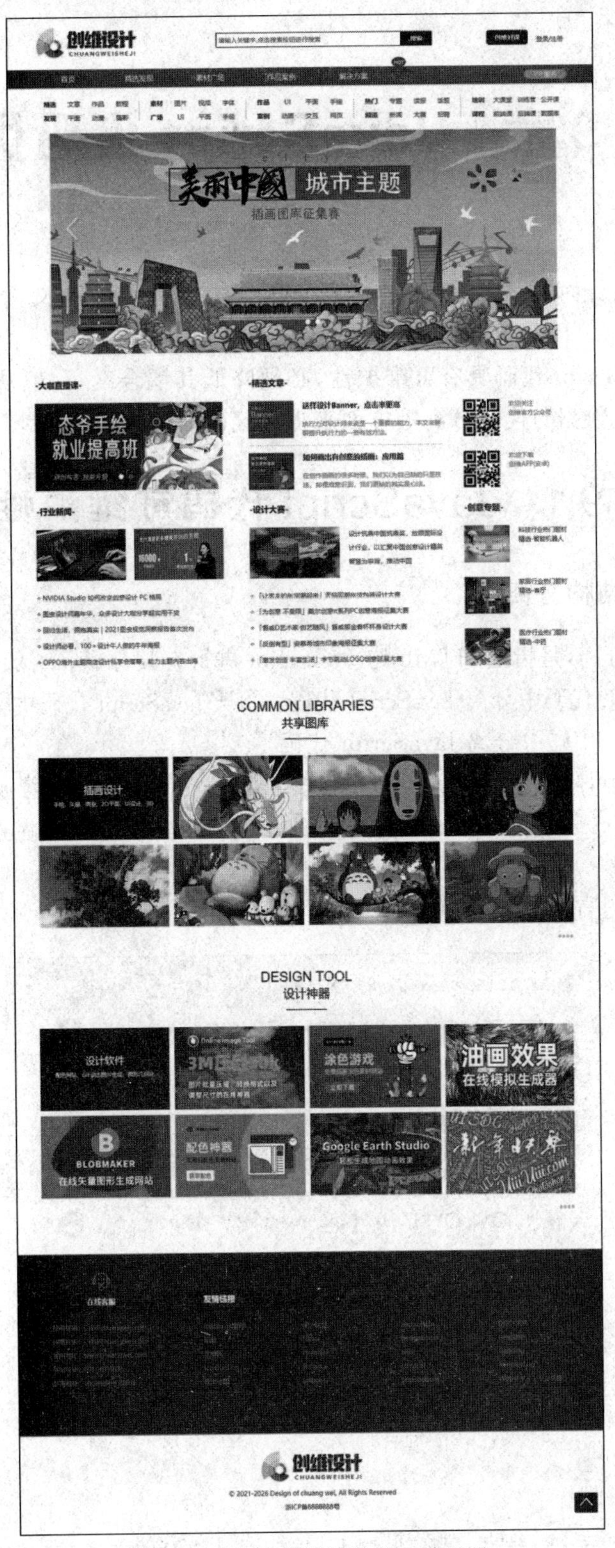

图 8-16 创维设计网站首页效果图

第 9 章 JavaScript 代码优化

在 Web 前端页面中，HTML 用来定义页面结构，CSS 用来定义页面布局以及元素的样式，而 JavaScript 可以给页面添加行为，使页面更具有交互性。

为了使 JavaScript 代码具有可维护性，必须降低其耦合度，一般从代码与结构分离、样式与结构分离、数据与代码分离等方面来提高代码的可维护性。

9.1 JavaScript 代码可维护性

1. 代码与结构分离

代码与结构分离，是指把 HTML 与 JavaScript 进行有效分离。一般有两种常见的处理方式：①从 HTML 代码中分离 JavaScript 代码；②从 JavaScript 代码中分离 HTML 代码。

1）从 HTML 代码中分离 JavaScript 代码

在一些页面中，除了 HTML，还存在很多 JavaScript 代码。随着业务的复杂度增高，HTML 代码、JavaScript 代码势必会急剧增加。如果出现了问题，在这杂乱的代码中难以实现查找定位。

【例 9-1】 单击改变按钮提示，如图 9-1 所示。

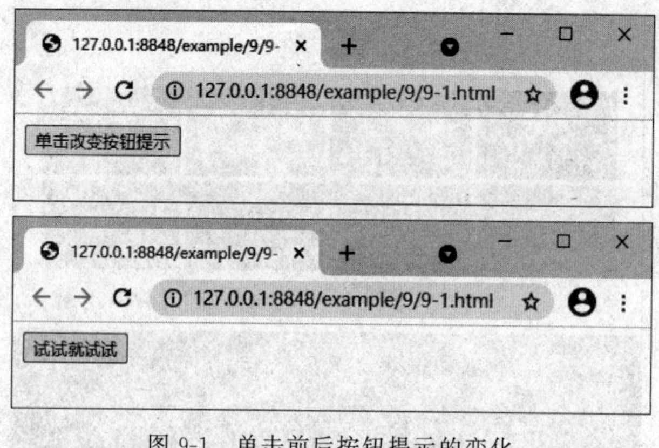

图 9-1 单击前后按钮提示的变化

参考代码：

```
<!DOCTYPE html>
<html>
    <head><meta charset="utf-8"><title></title></head>
    <body>
```

```
            <input type="button" id="btn" value="单击改变按钮提示" />
            <script type="text/javascript">
                var obj = document.getElementById("btn");
                obj.onclick = function(){
                    obj.value = '试试就试试';
                }
            </script>
        </body>
    </html>
```

正确做法是，在 HTML 文件中只写布局结构，JavaScript 单独写在 JS 文件中，然后通过外部链接引入的方式完成代码的编写工作。

【例 9-2】 基于例 9-1，将代码与结构进行分离。

（1）把 JavaScript 代码单独写在 jsFile.js 文件中。

```
var obj = document.getElementById("btn");
obj.onclick = function(){
    obj.value = '试试就试试';
}
```

（2）在 HTML 中，通过<script>标签的 src 属性引入。使用这种方式的优点是：如果 JavaScript 代码出错，只须修改 js 文件即可。如果要增加或者编辑 JavaScript 代码，也只须修改 JS 文件，而 HTML 代码保持不变。

```
<!DOCTYPE html>
<html>
    <head><meta charset="utf-8"><title></title></head>
    <body>
        <input type="button" id="btn" value="单击改变按钮提示" />
        <script type="text/JavaScript" src="jsFile.js">
        </script>
    </body>
</html>
```

2）在 JavaScript 代码中分离 HTML 代码

在很多前端工作中，可能为了方便，很多程序员都直接用 innerHTML 来处理业务逻辑，其实应尽量避免使用 innerHTML 属性，应采用动态创建标签并给属性赋值的方式来替换。

【例 9-3】 通过 JavaScript 动态创建<a>标签，如图 9-2 所示。

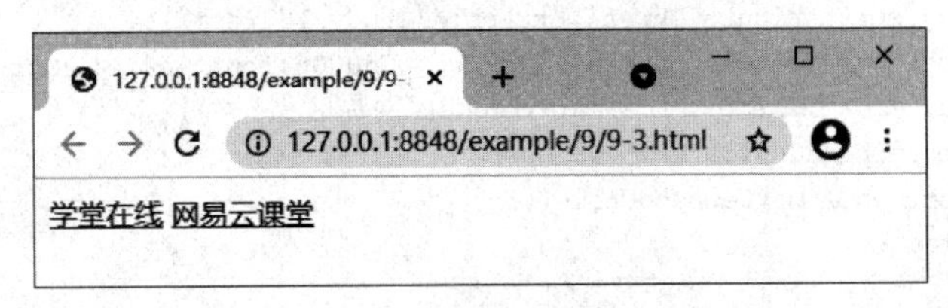

图 9-2 动态创建<a>标签

参考代码：

```
<!DOCTYPE html>
```

```
<html>
    <head><meta charset="utf-8"><title></title></head>
    <body>
        <a href="https://www.xuetangx.com/">学堂在线</a>
        <script type="text/javascript">
            var obj = document.createElement("a");
            obj.setAttribute("href","https://study.163.com");
            var txt = document.createTextNode("网易云课堂");
            obj.appendChild(txt);
            document.body.appendChild(obj)
        </script>
    </body>
</html>
```

2. 样式与结构分离

样式与结构分离，一般是指 CSS 与 HTML 分离，但这里指的是在 JavaScript 中，通过脚本动态创建(编辑)元素时，需将 CSS 与 HTML 进行分离。

【例 9-4】 基于例 9-3，通过修改 JavaScript 动态创建包含样式设置的<a>标签，如图 9-3 所示。

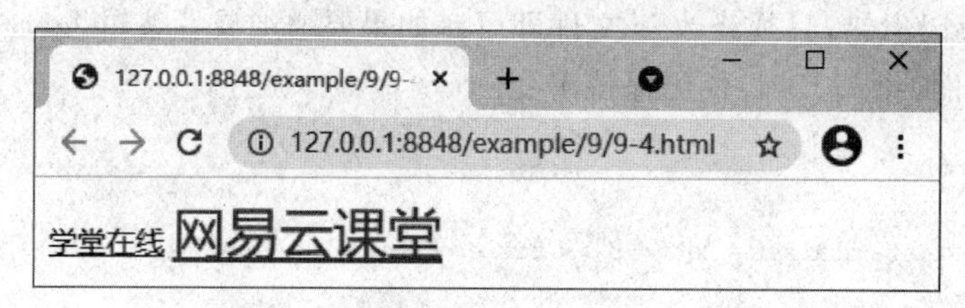

图 9-3 动态创建包含样式设置的<a>标签

参考代码：

```
<!DOCTYPE html>
<html>
    <head><meta charset="utf-8"><title></title></head>
    <body>
        <a href="https://www.xuetangx.com/">学堂在线</a>
        <script type="text/javascript">
            var obj = document.createElement("a");
            obj.setAttribute("href","https://study.163.com");
            obj.setAttribute("style","color:#C50000;font-size: 30px;");
            var txt = document.createTextNode("网易云课堂");
            obj.appendChild(txt);
            document.body.appendChild(obj)
        </script>
    </body>
</html>
```

上面示例的编写代码方式不利于对代码进行修改与维护。正确的做法是，编写单独定义样式的 CSS 文件，然后通过外部链接引入的方式完成代码编写工作。

【例 9-5】 基于例 9-4,进行样式与结构分离。

(1) 把样式单独写在 cssFile.css 文件中。

```
.f1 {
    color: #c50000;
    font-size: 30px;
}
```

(2) 通过<link>标签的 href 属性导入样式文件。

```
<!DOCTYPE html>
<html>
    <head>
        <meta charset="utf-8"><title></title>
        <link type="text/css" rel="stylesheet" href="cssFile.css">
    </head>
    <body>
        <a href="https://www.xuetangx.com/">学堂在线</a>
        <script type="text/javascript">
            var obj = document.createElement("a");
            obj.setAttribute("href","https://study.163.com");
            obj.setAttribute("class","f1");
            var txt = document.createTextNode("网易云课堂");
            obj.appendChild(txt);
            document.body.appendChild(obj)
        </script>
    </body>
</html>
```

3. 数据与代码分离

数据与代码分离,也可认为是前端和后端分离。后端接口仅负责返回 JSON 格式的数据,不会返回含有标签、样式或者 JavaScript 代码的数据。这种编写方式的优点是,将数据从代码中分离出来,当数据发生改变时,不会影响代码。

在例 9-6 中,先定义一个变量 Data,存储一个拥有 3 个属性(responseCode、responseMsg、data)的对象,其中 data 属性保存含有 JSON 数据的数组。通过对象的属性(responseCode)模拟是否成功获取数据,如果成功获取,通过 for 循环遍历数据对象中的 data 属性值(数组),把数组中的 JSON 数据渲染到页面中。

【例 9-6】 模拟前后端运行,将 JSON 数据渲染到页面中,如图 9-4 所示。

图 9-4　JSON 数据显示

参考代码：

```
<!DOCTYPE html>
<html>
    <head>
        <meta charset="utf-8"><title></title>
        <link type="text/css" rel="stylesheet" href="cssFile.css">
    </head>
    <body>
        <a href="https://www.xuetangx.com/">学堂在线</a>
        <script type="text/javascript">
            var Data = {
                responseCode: 200,
                responseMsg: "数据获取成功",
                data: [{
                    "href": "https://study.163.com",
                    "class": "f1",
                    "text": "网易云课堂"
                },{
                    "href": "https://www.khanacademy.org/",
                    "class": "f1",
                    "text": "Khan Academy"
                }]
            }
            if(Data.responseCode == 200){
                var arr = Data.data;
                //循环遍历数组,本例数组中只有两条 JSON 数据
                for(var i in arr){
                    var elem = arr[i];
                    var obj = document.createElement("a");
                    obj.setAttribute("href",elem.href);
                    obj.setAttribute("class", elem.class);
                    var txt = document.createTextNode(elem.text);
                    obj.appendChild(txt);
                    document.body.appendChild(obj)
                }
            }
        </script>
    </body>
</html>
```

说明：for 循环也可以用 for(var i=0; i<arr.length; i++){ }实现。为了将显示的数据实现分隔布局，f1 样式需增加类似“margin: 10px;”的设置。

9.2 JavaScript DOM 代码优化

HTML DOM 定义了访问和操作 HTML 文档的标准方法。DOM 将 HTML 文档表达为树状结构。在 Web 应用中，DOM 操作一直是常见的性能瓶颈，优化 DOM 操作可以改善 Web 应用的用户体验。实现 JavaScript DOM 代码优化，可以通过提高 JavaScript 文件加载速度、调整 JavaScript DOM 脚本加载顺序、优化 JavaScript DOM 的操作等途径来实现。

1. 合并 JavaScript 文件

在进行前端开发时，往往会使用很多第三方代码库，比如 jQuery、bootstrap 等，每个库都有属于自己的脚本或者样式文件。按照传统的方式，会用< script >标签或者< style >标签分别引入这些库文件，导致在打开一个页面时会发起几十个请求，大大降低了文件加载的速度。常见的处理方式如下。

（1）合并 JavaScript 代码，尽可能减少使用< script >标签。最常见的方式就是把所有 JavaScript 代码合并到一个 JS 文件中，实现页面只加载一次< script >标签。

（2）动态创建< script >标签来加载。通过监听加载事件来完成动态加载。

2. 调整 JavaScript 位置

浏览器呈现网页的顺序是从上往下的。如果在< head >标签内用< script >标签引入 JavaScript 文件，假设 JavaScript 代码中出现操作 DOM 节点的情况，此时 DOM 树还没有构建，程序获取不到 DOM 节点，但是你又去使用，就会出现报错情况。

如果错误没处理好，页面会直接崩溃，因此，一般会把 JavaScript 文件放在底部，即< body >结束标签前。

【例 9-7】 合并 JavaScript 代码，保存到 jsFile. js 中，当页面加载好后，再导入 JS 文档。

参考代码：

```
<! DOCTYPE html >
< html >
    < head >< meta charset = "utf - 8">< title ></title ></head >
    < body >
        <!-- html 代码 -->
        < script type = "text/JavaScript" src = "js/jQuery - 3.6.0"></script >
        < script type = "text/JavaScript" src = "jsFile. js"></script >
    </body >
</html >
```

3. 优化 DOM 的操作

在前端操作中，JavaScript DOM 的操作可能会比较频繁，而 DOM 操作又非常耗费资源降低性能，所以对 JavaScript DOM 操作进行优化是非常有必要的。

1）缓存 DOM 节点，减少节点查找

访问 DOM 会非常耗费资源降低性能，用循环访问更加如此，所以尽可能减少 DOM 访问次数。

【例 9-8】 把值循环显示到< label >标签内，如图 9-5 所示。

参考代码：

```
<! DOCTYPE html >
< html >
```

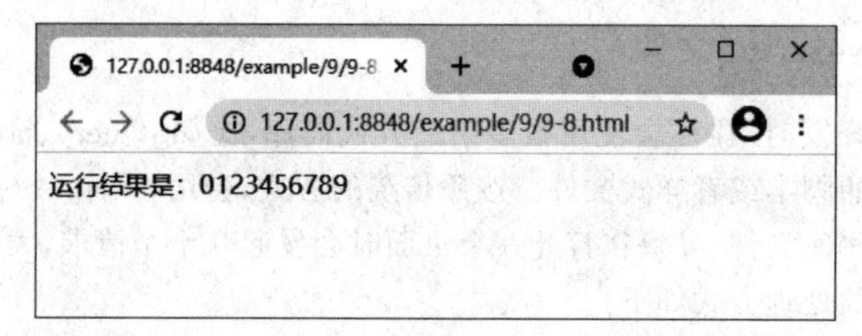

图 9-5　循环输出值

```
    <head><meta charset="utf-8"><title></title></head>
    <body>
        <label id="msg">运行结果是:</label>
        <script type="text/javascript">
            for(var i = 0;i < 10;i++){
                document.getElementById("msg").innerHTML += i
            }
        </script>
    </body>
</html>
```

在例 9-8 中，虽然循环 10 次访问 DOM，但实际上访问的是同一个 DOM，因此可以将 DOM 单独提取出来，在循环结束后，只访问一次即可。

【例 9-9】 在例 9-8 基础上，减少 DOM 节点操作。

参考代码：

```
<!DOCTYPE html>
<html>
    <head><meta charset="utf-8"><title></title></head>
    <body>
        <label id="msg">运行结果是:</label>
        <script type="text/javascript">
            var obj = document.getElementById("msg");
            str = "";
            for(var i = 0;i < 10;i++){
                str += i;                              //隐式把数据转换成字符进行拼接
            }
            obj.innerHTML += str;
        </script>
    </body>
</html>
```

2）减少 reflow（回流）和 repaint（重绘）

浏览器解析过程：①解析 HTML，生成 DOM 树；②解析 CSS，把 CSS 应用于 DOM 树，生成 render 树（记录每一个节点和它的样式以及节点所在位置）；③把 render 树渲染到页面。

如果页面中有任何改变，就有可能造成文档结构发生改变。例如，元素间的相对或绝对位置改变、添加或删除元素(opacity：0 除外,因为它不是删除,是隐藏)、改变某个元素的尺寸或位置、浏览器窗口改变(resize 事件触发)等,都会发生 reflow(回流)。每次回流一定会发生 repaint(重绘)。页面加载好后,如果需要修改 DOM 节点,则需要先重新构造 DOM 树,然后重新绘制 DOM 渲染到页面。

为了实现 DOM 操作优化,应尽可能减少修改 DOM 的次数。

(1) 合并样式的修改。一般改变元素样式都是直接修改,例如:

```
<label id = "msg">重绘</label>
<script type = "text/javascript">
    var obj = document.getElementById("msg");
    obj.style.fontSize = "24px";
    obj.style.backgroundColor = "#ffc0cb";
</script>
```

正确处理方法是,不要频繁更改 style,而是为 className 赋值,将 2 次访问合并为 1 次。代码调整如下:

```
<!-- CSS 样式 -->
<style type = "text/css">
    a{font-size: 24px;background-color: #ffc0cb}
</style>
<!-- HTML + JavaScript -->
<label id = "msg">重绘</label>
<script type = "text/javascript">
    var obj = document.getElementById("msg");
    obj.className = "a"
</script>
```

(2) 批量修改 DOM。对于哪些具体的操作会造成哪些元素的回流,不同的浏览器都有不同的实现方法。但可确定的是它们的耗时比较长,因为涉及大量的计算。浏览器为了提升性能,都做了优化处理。当批量修改 DOM 时,若用传统的方法,则每次都会发生重绘,但可以先隐藏加载的元素,修改 DOM 后,再显示加载的元素,执行回流重绘。

【例 9-10】 循环加载 JSON 数据,如图 9-6 所示。

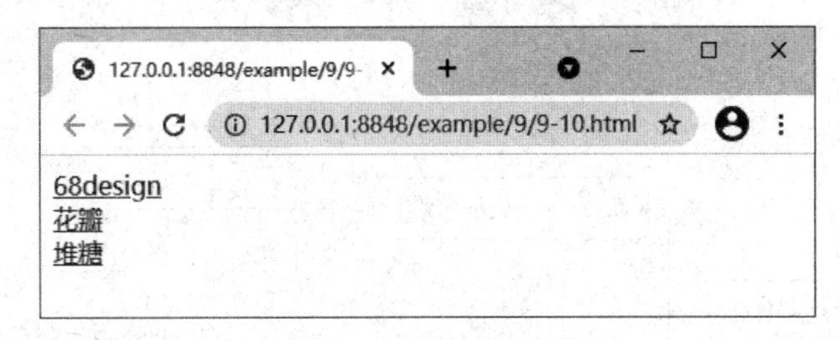

图 9-6 循环加载 JSON 数据

分析:

批量修改 DOM,需考虑 DOM 操作优化,可先隐藏加载的元素,然后新增节点、给加载的元素添加节点,最后显示加载的元素,重绘 DOM。

参考代码：

```
<!DOCTYPE html>
<html>
    <head>
        <meta charset = "utf-8"><title></title>
        <style type = "text/css">
            a{display: block;width:200px;}
        </style>
    </head>
    <body>
        <a href = "https://www.68design.net/">68design</a>
        <script type = "text/javascript">
            var data = [{
                "href": "https://huaban.com/",
                "text": "花瓣"
            }, {
                "href": "https://www.duitang.com/",
                "text": "堆糖"
            }]
            var b = document.getElementsByTagName("body");
            b[0].style.display = "none";
            for(var i = 0;i < data.length;i++){
                obj = document.createElement("a")
                obj.href = data[i].href;
                obj.innerHTML = data[i].text;
                b[0].appendChild(obj);
            }
            b[0].style.display = "block";
        </script>
    </body>
</html>
```

本 章 小 结

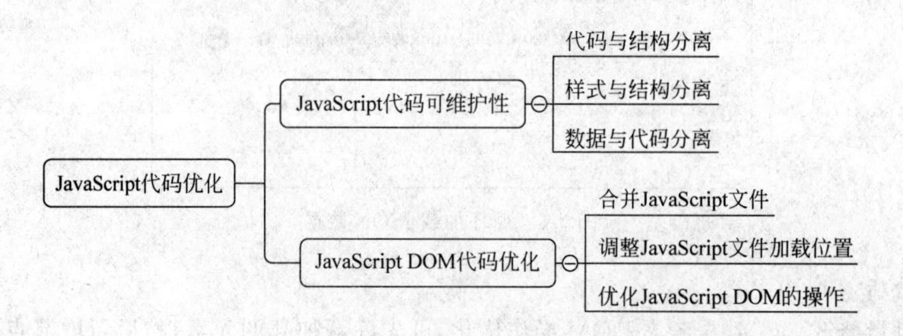

练 习 9

(1) 以下不属于JavaScript代码可维护性的操作是(　　)。

A. 代码与结构分离　　B. 样式与结构分离

C. 数据与代码分离　　D. 行为与艺术分离

(2) 以下关于网站JS代码优化描述错误的是(　　)。

A. 把不重要的JS放在页面最底部

B. 合并JS文件,减少HTTP请求,加快网站速度

C. 给JS文件"减肥",把JS文件中几百行的代码压缩成一行,使体积变小

D. JS代码是在虚拟机里面运行的,一般是在后台运行

第二篇

JavaScript库

第10章 初识jQuery

10.1 jQuery简介

jQuery是一个轻量且功能丰富的JavaScript库，它是John Resig在2006年创建的开源项目。jQuery，顾名思义，就是JavaScript和查询(Query)，是辅助JavaScript开发的一个兼容性很强的JavaScript类库。它能提供多种能兼容多种浏览器并且易于使用的API，使HTML文档的遍历和操作、事件处理、动画生成和Ajax编程等事务变得更加简单。它的设计思想是"write less，do more"(写得更少，做得更多)，也就是说，它可以用很少的几句代码就能够创建出更酷炫的页面交互效果。

jQuery内部是通过调用JavaScript来实现的，所以jQuery并不是代替JavaScript的。jQuery是对JavaScript对象和函数进行封装，它极大地简化了JavaScript编程，使开发更加便捷。例如，实现图10-1表格隔行变色的效果，只需一句关键代码即可实现。

```
$("tr:odd").css("background-color","#ccc");
```

书名	单价	数量	总价
草房子	29.0	1	29.0
安徒生童话全集	119.0	1	119.0
郑渊洁十二生肖童话	84.0	1	84.0
贫民窟的世界乐团	32.0	2	64
狼图腾	16.9	1	16.9

图10-1　表格隔行变色效果

10.2 jQuery的用途

JavaScrip能做的，jQuery也都能做。由于jQuery简化了JavaScript语法，并解决了浏览器兼容性的问题，所以使用jQuery能大幅提高开发效率。

(1) 访问和操作DOM元素。使用jQuery可以很方便地获取和修改页面中指定的元素，无论是删除、移动还是复制DOM元素，jOuery都提供了一整套方便、快捷的方法。既减少了代码的编写，又大大提高了用户体验。

(2) 控制页面样式。通过jQuery，开发人员可以很快捷地控制页面的CSS样式。

(3) 对页面事件进行处理。jQuery使页面的表现层与功能开发分离，让开发者专注于程序的逻辑与功效，让页面设计者专注于页面的优化与用户体验。通过事件绑定机制，可以很轻松地实现两者的结合，比如光标滑过左侧导航菜单时响应事件，使右侧内容进行切换。

(4) 扩展新的 jQuery 插件。可以使用大量的 jQuery 插件来完善页面的功能和效果，如 jQuery UI 插件库、Validate 插件等，原来使用 JavaScript 代码实现起来非常困难的功能，通过 jQuery 插件就可以轻松地实现。例如，3D 幻灯片就是由 jQuery 的 Slicebox 插件来实现的。

(5) 与 Ajax 技术完美结合。利用 Ajax 异步读取服务器数据的方法，极大地方便了程序的开发，增强了页面的交互，提升了用户的体验，引入 jQuery 后，通过内部对象或函数，添加上几行代码，就可以实现复杂的功能。

10.3 jQuery 的优势

jQuery 强调的理念是“write less，do more”。jQuery 有独特的选择器、链式的 DOM 操作、事件处理机制和封装完善的 Ajax。

(1) 轻量级。jQuery 非常轻巧，采用 Dean Edwards 编写的 Parker 压缩后，大小不到 30KB。如果使用 Min 版并且在服务器启用 GZip 压缩后，大小只有 18KB。

(2) 强大的选择器。jQuery 支持绝大多数 CSS 1 至 CSS 3 选择器，以及 jQuery 独创的高级而复杂的选择器。另外还可以加入插件使其支持 XPath 选择器，甚至开发者可以编写属于自己的选择器。由于 jQuery 支持选择器这一特性，因此有一定 CSS 经验的开发人员可以很轻松地使用 jQuery。

(3) 出色的 DOM 操作的封装。jQuery 封装了大量常用的 DOM 操作，使开发者在编写 DOM 操作相关程序的时候能够得心应手。

(4) 可靠的事件处理机制。jQuery 吸取了 JavaScript 专家 Dean Edwards 编写的事件处理函数的精华，因此在处理事件绑定的时候相当可靠。

(5) 出色的浏览器兼容性。jQuery 能兼容各种浏览器，同时修复了一些浏览器之间的差异，使开发者不必在开展项目前建立浏览器兼容性。

(6) 链式操作方式。对发生在同一个 jQuery 对象上的一组动作，可以直接连接而无须重复获取对象。

(7) 隐式迭代。当用 jQuery 找到相同名称的全部元素后，隐藏它们时，无须循环遍历每一个返回的元素。相反，jQuery 里的方法都被设计成自动操作对象的对象集合，而不是单独的对象，这使大量的循环结构变得不再必要，从而大幅地减少了代码量。

(8) 行为层与结构层的分离。开发者可以使用 jQuery 选择器选中元素，然后直接为元素添加事件。这种将行为层与结构层完全分离的思想，可以使 jQuery 开发人员和 HTML 开发人员各司其职，从而摆脱组内开发冲突或个人单干的开发模式。同时，后期维护也非常方便，不需要在 HTML 代码中寻找某些函数和重复修改 HTML 代码。

(9) 完善的 Ajax。jQuery 将所有的 Ajax 操作封装到一个函数 $.ajax() 里，使得开发者处理 Ajax 的时候，能够专心处理业务逻辑而无须关心复杂的浏览器兼容性和 XMLHttpRequest 对象的创建和使用问题。

(10) 丰富的插件支持。jQuery 的易扩展性,吸引了来自全球的开发者来编写 jQuery 的扩展插件。目前已经有超过几百种的官方插件支持,而且不断有新的插件面世。

(11) 开源。jQuery 是一个开源的产品,任何人都可以自由地使用,并提出改进意见。

10.4　配置 jQuery 环境

1. jQuery 的版本

通常,jQuery 官网提供两种版本的 jQuery 文件：一种是开发版,文件名命名类似"jQuery-版本号. js",属于完整、无压缩的 jQuery 库,文件比较大,一般用于测试、学习和开发；另一种是发布版,文件名命名类似"jQuery-版本号. min. js",它由完整版的 jQuery 库经过压缩得来,压缩后功能与未压缩的功能完全一样,只是将其中的空白字符、注释、空行等与逻辑无关的内容删除,并进行一些优化。一般用于线上发布的产品和项目。

2. 下载 jQuery

进入 jQuery 的官网(http://www. jquery. com),单击页面右侧的 DownLoad jQuery,如图 10-2 所示。进入下载页面,可以选择下载所需的 jQuery 版本,如图 10-3 所示。

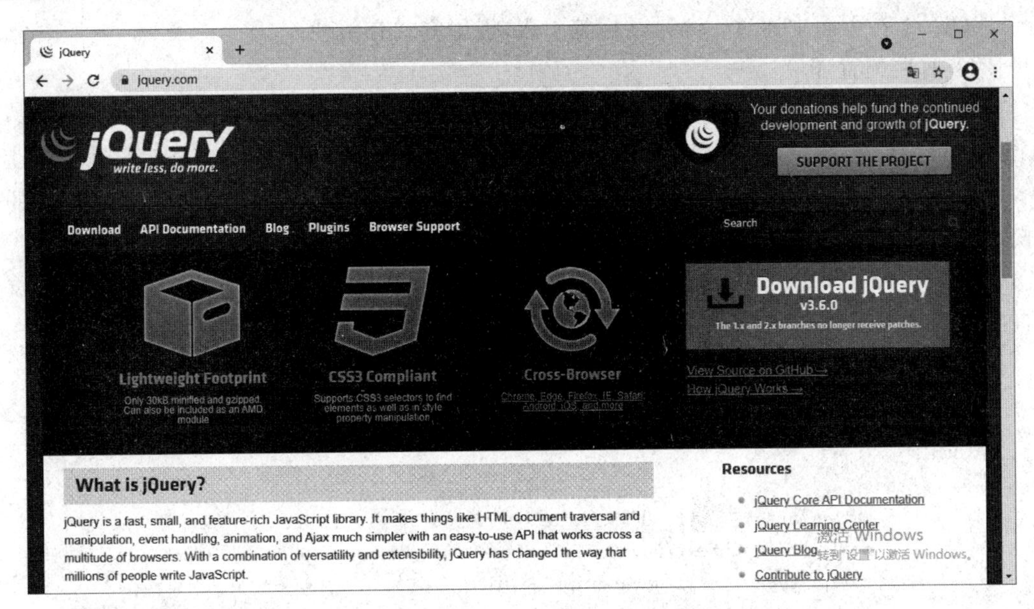

图 10-2　jQuery 官网

jQuery 不需要安装,把下载的 jquery-3. 6. 0. js(或 jquery-3. 6. 0. min. js)放到网站一个公共位置,想要在某页面上使用 jQuery 时,只需要在相关的 HTML 文档中引入该库文件即可。

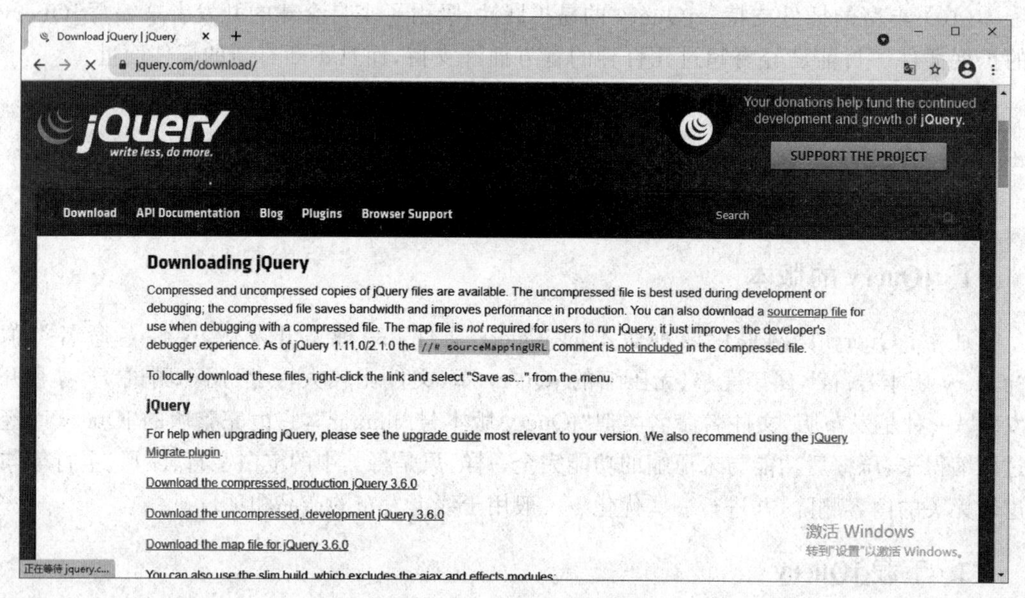

图 10-3　jQuery 下载页

3. jQuery 的引用

jQuery 在页面中通过< script >标签引入，引用方式有两种。

1）官网配置环境

首先，在官网下载 jQuery 库文件，然后把 jquery-3.6.0.js（或 jquery-3.6.0.min.js）放在项目文件夹 js 里面，在编写的页面代码中，利用< script >标签的 src 属性通过相对路径的方式引入 jQuery 库文件。在实际项目中，用户可以根据实际需要调整 jQuery 库的路径。最后，测试是否引入成功。下面编写一个小案例，测试 jQuery 是否可用。

【例 10-1】 jQuery 的引用。jQuery 库文件下载后，保存到 js 文件夹中，与引用的页面保存在同一文件夹中，如图 10-4 所示。如果放置位置与案例不同，则需修改引用路径。

参考代码：

```
<! DOCTYPE html >
< html >
    < head >
        < meta charset = "utf - 8">< title ></title >
        < script type = "text/JavaScript" src = "js/jQuery - 3.6.0.js"></script >
        < script type = "text/javascript">
            $ (document).ready(function(){
                alert("hello world! ")
            })
        </script >
    </head >
    < body >
    </body >
</html >
```

```
1  <!DOCTYPE html>
2  <html>
3      <head>
4          <meta charset="utf-8">
5          <title></title>
6          <script type="text/javascript" src="js/jquery-3.6.0.js"></script>
7          <script type="text/javascript">
8              $(document).ready(function() {
9                  alert("hello world!")
10             })
11         </script>
12     </head>
13     <body>
14     </body>
15 </html>
```

图 10-4　jQuery 文件在项目中的位置

运行效果如图 10-5 所示。

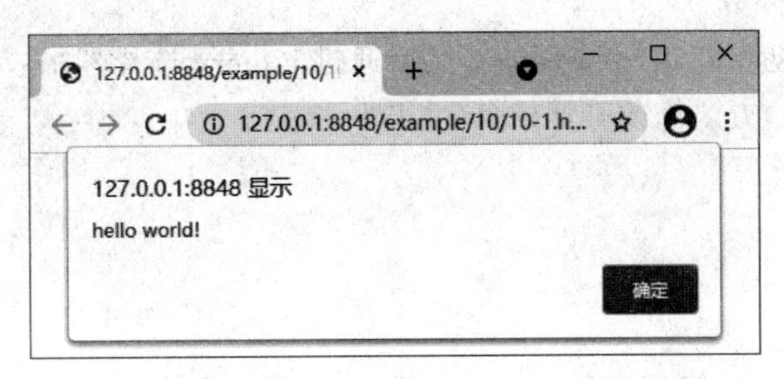

图 10-5　jQuery 代码运行效果

2）从 CDN 中配置 jQuery

如果不希望下载并存放 jQuery，那可以通过 CDN 引用。如果站点用户是国内用户，可以选择百度、新浪等国内的 CDN 地址。如果站点用户是国外用户，可以选择 Google 和 Microsoft 等国外的 CDN 地址。举例如下。

jQuery 官网 CDN：

```
<script src="https://ajax.aspnetcdn.com/ajax/jQuery/jQuery-3.6.0.js"></script>
```

百度 CDN：

```
<script src="http://libs.baidu.com/jQuery/2.1.4/jQuery.min.js"></script>
```

10.5　jQuery 的基本语法

通过 jQuery 语句，可以选取 HTML 元素，并对选取的元素执行某些操作。

1. jQuery 的语法格式

jQuery 语句的语法格式如下。

```
$(selector).action();
```

其中，工厂方法 $() 将 DOM 对象转换为 jQuery 对象。在 jQuery 库中，$ 就是 jQuery 的一个简写形式，例如 $("h3") 和 jQuery("h3") 是等价的，如果没有特殊说明，程序中的 $ 符号都是 jQuery 的一个简写形式。

selector(选择器)用于获取需要操作的 DOM 元素。

action()方法通过 jQuery 提供的方法，执行对元素的操作。

例如：

$(this).hide()用于隐藏当前元素。

$("p").hide()用于隐藏所有<p>元素。

$("p.test").hide()用于隐藏所有 class="test"的<p>元素。

$("#test").hide()用于隐藏 id="test"的元素。

$("#test").addClass("current")为 id="test"的标签添加类样式(current)。

【例 10-2】 通过 jQuery 程序实现表格隔行变色效果，效果如图 10-1 所示。

分析：

首先设置表格初始背景(#eaeaeb)，然后通过 jQuery 选择器 tr:odd 获取奇数行，并调用 jQuery 的 css()方法修改其背景色(#d3d3d3)。

参考代码：

```
<!DOCTYPE html>
<html>
    <head>
        <title></title><meta charset = "utf-8">
        <style type = "text/css">
            tr{background-color: #eaeaeb;text-align: center;}
            th{background-color: #586270;color:#fff;}
            .w1{width: 250px;}
        </style>
        <script type = "text/JavaScript" src = "js/jQuery-3.6.0.js"></script>
        <script type = "text/javascript">
            $(document).ready(function(){
                $("tr:odd").css("background-color","#d3d3d3")
            })
        </script>
    </head>
    <body>
        <table border = "1" width = "700" height = "150" align = "center">
            <tr>
                <th class = "w1">书名</th><th>单价</th><th>数量</th><th>总价</th>
            </tr>
            <tr>
                <td>草房子</td><td>29</td><td>1</td><td>29</td>
            </tr>
            <tr>
                <td>安徒生童话全集</td><td>119</td><td>1</td><td>119</td>
```

```
            </tr>
            <tr>
                <td>郑渊洁十二生肖童话</td><td>84</td><td>1</td><td>84</td>
            </tr>
            <tr>
                <td>贫民窟的世界乐团</td><td>32</td><td>2</td><td>64</td>
            </tr>
            <tr>
                <td>狼图腾</td><td>16.9</td><td>1</td><td>16.9</td>
            </tr>
        </table>
    </body>
</html>
```

例 10-2 中,jQuery 代码与 HTML 代码混排,不利于代码的维护。规范的 jQuery 代码编写方式是:将用户编写的 jQuery 代码单独保存成 *.js 文件,然后加载引入。

【例 10-3】 代码优化。

jsFile.js 代码如下。

```
$(document).ready(function(){
    $("tr:odd").css("background-color","#d3d3d3")
})
```

jsFile.js 文件中是一段 jQuery 代码,$(document).ready()是 jQuery 中页面载入事件方法。本示例是把 jsFile.js 放置到 js 文件夹中,导入相对路径为 js/jsFile.js。

将例 10-3 文件中的代码修改如下。

```
<!DOCTYPE html>
<html>
    <head>
        <meta charset="utf-8"><title>jQuery 与 HTML 分离</title>
        <script type="text/JavaScript" src="js/jQuery-3.6.0.js"></script>
        <script type="text/JavaScript" src="js/jsFile.js"></script>
    </head>
    <body>
        <!--省略 HTML 代码 -->
    </body>
</html>
```

注意:jsFile.js 文件中代码依赖于 jQuery 库文件,所以页面加载有先后,先引入 jQuery 库文件,再引入自定义的 jsFile.js 文件。

在上面的代码中,有一个陌生的代码片段,具体如下。

```
$(document).ready(function(){
    ...
});
```

这段代码的功能是为了防止文档在完全加载之前运行 jQuery，也就是说，代码在 DOM 加载完成后，才可以对 DOM 进行操作。如果在文档没有完全加载之前就运行代码，操作就有可能失败，例如获得未完全加载的图像大小。它类似于传统 JavaScript 中的 window. onload()方法，不过与 window. onload()还是有些区别。在表 10-1 中对它们进行了简单的对比。

表 10-1　window. onload()与 $ (document). ready()的对比

项　目	window. onload()	$ (document). ready()
执行时机	必须等待网页中所有内容加载完毕(包含图片)才能执行	网页中所有 DOM 结构绘制完毕就执行，可能 DOM 元素关联的东西并没有加载完

编写个数	不能同时编写多个以下代码，否则无法正确执行：
	`window.onload = function(){`
	`    alert("Hello World!")`
	`};`
	`window.onload = function(){`
	`    alert("Hello again!")`
	`};`
	结果只会输出“Hello again!”
		能同时编写多个，以下代码能够正确执行：
		`$(document).ready(function(){`
		`    alert("Hello World!");`
		`});`
		`$(document).ready(function(){`
		`    alert("Hello again!");`
		`});`
		结果两次都输出

简化写法	无	`$(document).ready(function(){`
		`…`
		`})`
		简写成：
		`$( function(){`
		`…`
		`})`

2. jQuery 代码风格

1) $ 等同于 jQuery

在 jQuery 库中，$ 就是 jQuery 的一个简写形式。例如，$ (document). ready()等价于 jQuery (document). ready()；$ (function(){…})等价于 jQuery (function(){…})。

2) 链式操作方式

链接操作允许在相同的元素上运行多条 jQuery 命令。这样浏览器就不必多次查找相同的元素。若需要再链接一个动作，只须简单地把该动作追加到之前的动作上。

```
$("#p1").css("color","red").slideUp(2000).slideDown(2000);
```

以上代码表示 id="p1"的元素，首先字体变成红色，然后向上滑动 2 秒，又向下滑动 2 秒。

本章小结

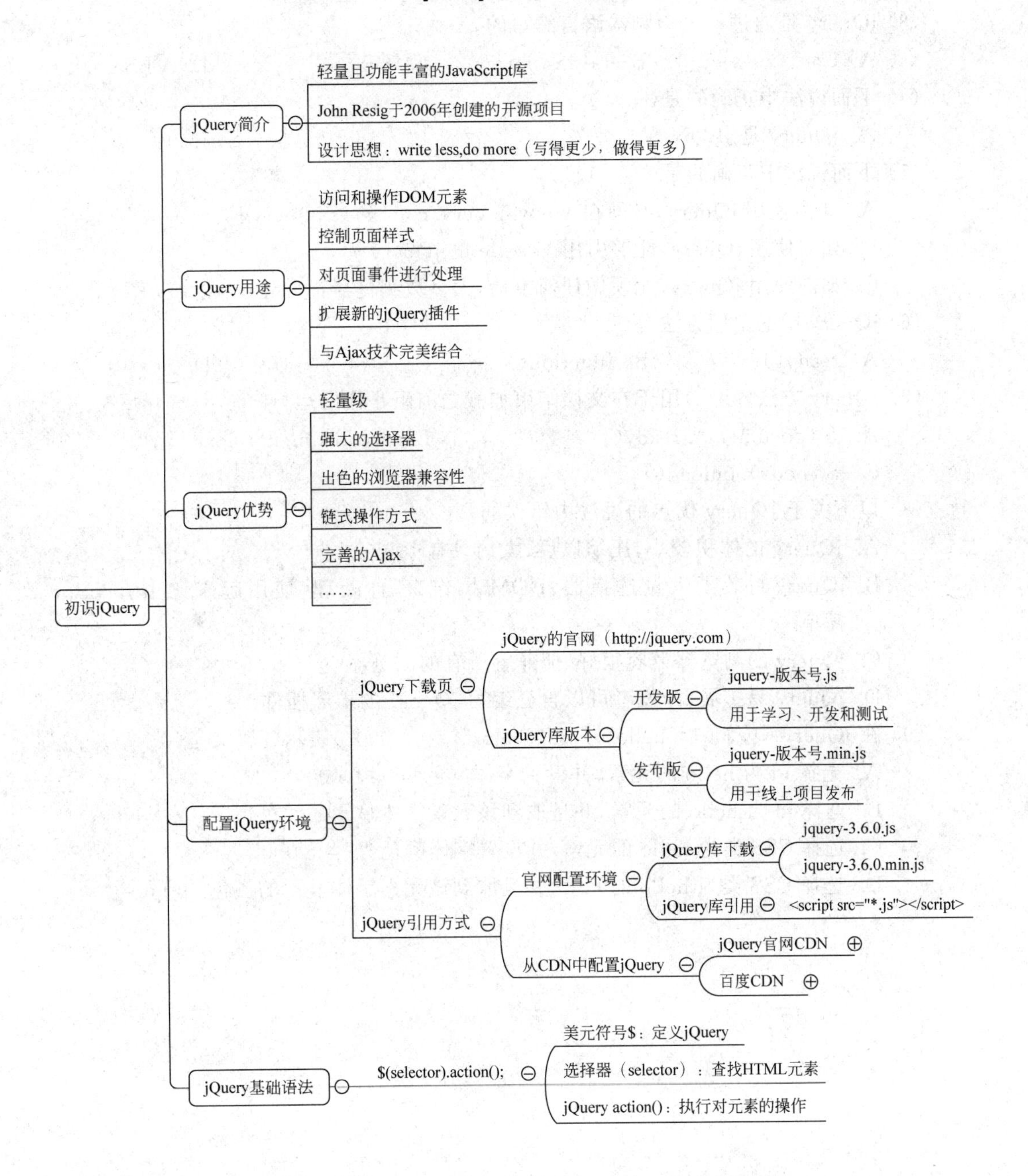

练　习　10

（1）jQuery 是 W3C 标准吗？（　　）

A．是　　　　B．不是

(2) jQuery 是客户端脚本库,还是服务器端脚本库?(　　)

A. 客户端脚本　　B. 服务器端脚本

(3) jQuery 是通过(　　)脚本语言编写的。

A. C#　　B. JavaScript　　C. C++　　D. VBScript

(4) 下面说法中正确的是(　　)。

A. jQuery 是 JSON 库　　B. jQuery 是 JavaScript 库

(5) 下面说法中正确的是(　　)。

A. 如需使用 jQuery,必须在 www.jquery.com 购买 jQuery 库

B. 如需使用 jQuery,能够引用 Google 的 jQuery 库

C. 如需使用 jQuery,无须做任何事情,大多数浏览器都内建了 jQuery 库

(6) jQuery 中的工厂方法是(　　)。

A. ready()　　B. function()　　C. $()　　D. next()

(7) jQuery 方法(　　)用于在文档结束加载之前阻止代码运行。

A. $(document).ready()　　B. $(document).load()

C. $(body).onload()

(8) 以下关于 JQuery 优点的说法中错误的是(　　)。

A. jQuery 的体积较小,压缩以后,大约只有 100KB

B. jQuery 封装了大量选择器、DOM 操作、事件处理,使用起来比 JavaScript 简单

C. jQuery 的浏览器兼容很好,能兼容所有的浏览器

D. jQuery 易扩展,开发者可以自己编写 jQuery 的扩展插件

(9) 在 jQuery 中,$("#hello").css("color","#f0000")表示的含义是(　　)。

A. 选择 id 为 hello 的元素,并设置字体颜色为"#f0000"

B. 选择 id 为 hello 的元素,并且取到该元素字体显示的颜色

C. 选择 CSS 类为 hello 的元素,并设置字体颜色为"#f0000"

D. 选择 CSS 类为 hello 的元素,并且取到该元素字体显示的颜色

第 11 章　jQuery 选择器

选择器是 jQuery 的根基，在 jQuery 中对事件的处理、遍历 DOM 和 Ajax 操作都依赖于选择器，因此学会使用选择器是学习 jQuery 的基础。

11.1　jQuery 选择器的用途

jQuery 选择器类似于 CSS 选择器，用来选取网页中的元素。例如：

```
$("h3").css("background","#87ad79");
```

该语句的功能是获取并设置网页中所有<h3>元素的背景色为#87ad79。

(1) "h3"为标签选择器，必须放在$()中。

(2) $("h3")返回 jQuery 对象。

(3) css()是为 jQuery 对象设置样式的方法。

jQuery 中的选择器完全继承 CSS 的风格。利用 jQuery 选择器，可以非常便捷和快速地找出特定 DOM 元素，然后为它们添加相应的行为，而无须担心浏览器是否支持这一选择器。

下面通过示例体验一下 JavaScript 与 jQuery 使用的区别。

【例 11-1】 单击文本，通过 JavaScript 弹出信息提示 JavaScript demo。

参考代码：

```
<!DOCTYPE html>
<html>
    <head><meta charset="utf-8"><title></title></head>
    <body>
        <p>点击我</p>
        <script type="text/javascript">
            var obj = document.getElementsByTagName('p');
            obj[0].onclick = function(){
                alert("JavaScript demo");
            }
        </script>
    </body>
</html>
```

运行效果如图 11-1 所示。

本段代码实现为<p>元素动态绑定 onclick 事件，当单击此元素时，会弹出一个信息框。

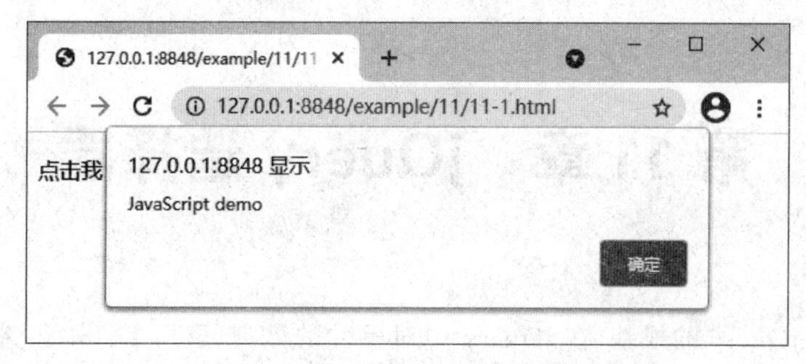

图 11-1　通过 JS 实现单击弹出信息框

【例 11-2】 用 jQuery 实现单击文本,弹出信息提示 jQuery Demo。

参考代码:

```
<!DOCTYPE html>
<html>
    <head><meta charset="utf-8"><title></title></head>
    <body>
        <p class="demo">点击我</p>
        <script src="js/jQuery-3.6.0.js"></script>
        <script type="text/javascript">
            //给 class 为 demo 的元素添加行为
            $(".demo").click(function(){
                alert("jQuery Demo");
            })
        </script>
    </body>
</html>
```

运行效果图如 11-2 所示。

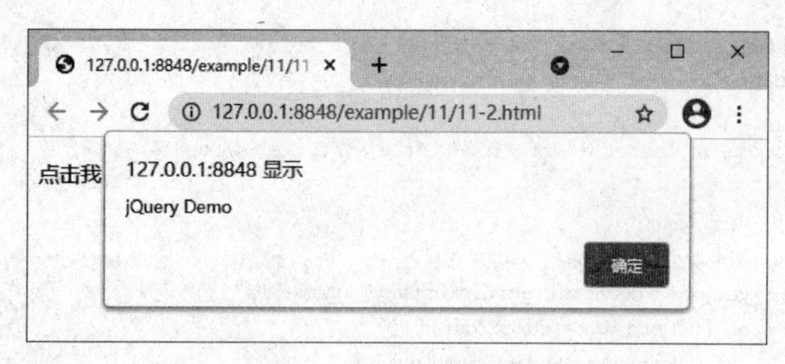

图 11-2　通过 jQuery 实现单击弹出信息框

注意:jQuery 的行为必须在获取到元素后才能生效。如果要把 jQuery 代码放在前面,则需要写在 $(document).ready()里面,确保 HTML 元素已经加载。

【例 11-3】 用文档就绪函数确保运行 jQuery 语句前已经加载好文档。

参考代码:

```
<!DOCTYPE html>
```

```
<html>
    <head>
        <meta charset = "utf - 8"><title></title>
        <script src = "js/jQuery - 3.6.0.js"></script>
        <script type = "text/javascript">
            $ (document).ready(function(){
                //给 class 为 demo 的元素添加行为
                $ (".demo").click(function(){
                    alert("jQuery Demo");
                })
            })
        </script>
    </head>
    <body>
        <p class = "demo">点击我</p>
    </body>
</html>
```

此时,也可以对 CSS 的写法和 jQuery 的写法进行比较。

给 class 为 demo 的元素添加样式的 CSS 代码如下。

```
.demo {
    ...
}
```

给 class 为 demo 的元素添加行为的 jQuery 代码如下。

```
$ (".demo").action(function(){
    ...
})
```

jQuery 选择器的写法与 CSS 选择器的写法十分类似,只不过两者的作用和效果不同,CSS 选择器找到元素后是添加样式,而 jQuery 选择器找到元素后是添加行为。需要特别说明的是,jQuery 中涉及操作 CSS 样式部分比单纯的 CSS 功能更为强大,并且拥有跨浏览器的兼容性。

11.2 jQuery 选择器的优势

1. 简洁的写法

$()函数在很多 JavaScript 类库中都被作为一个选择器函数来使用,在 jQuery 中也不例外。其中,$("#id")用来代替 document. getElementById(),即通过 id 值获取 HTML 元素。$("tagName")用来代替 document. getElementsByTagName(),即通过标签名获取 HTML 元素。

2. 支持 CSS 1 到 CSS 3 选择器

jQuery 选择器支持 CSS 1、CSS 2 的全部和 CSS 3 的部分选择器,同时它也有少量独有的选择器,因此对拥有一定 CSS 基础的开发人员来说,学习 jQuery 选择器是件非常容易的事，而对没有接触过 CSS 技术的开发人员来说，在学习 jQuery 选择器的同时，也可以掌握 CSS 选择器的基本规则。

3. 完善的处理机制

使用 jQuery 选择器，比用传统的 getElementById()和 getElementsByTagName()方法简洁得多，而且能避免某些错误。例如：

```
<div>JavaScript 应用</div>
<script type="text/javascript">
    document.getElementById("title").style.color="red";
</script>
```

运行上面的代码，浏览器就会报错，原因是网页中没有 id 为 title 的元素。对代码进行修改，修改后代码如下。

```
<div>JavaScript 应用</div>
<script type="text/javascript">
    if(document.getElementById("title")){
        document.getElementById("title").style.color="red";
    }
</script>
```

这样就可以避免浏览器报错。但如果要操作的元素很多，可能需要对每个元素都要进行一次判断，而使用 jQuery 获取网页中不存在的元素也不会报错。例子如：

```
<div>jQuery 应用</div>
<script src="js/jQuery-3.6.0.js"></script>
<script type="text/javascript">
    $("#title").css("color","red");          //这里无须判断$("#title")是否存在
</script>
```

有了这个预防措施，即使以后因为某种原因删除网页上某个以前曾使用过的元素，也不用担心这个网页的 JavaScript 代码会报错。

需要注意的是，$("#title")获取的永远是对象，即使网页上没有此元素。因此，当要用 jQuery 检查某个元素在网页上是否存在时，不能使用以下代码：

```
if($("#title")){ }
```

而应该根据获取到元素的长度来判断，例如：if($("title").length>0){…}。

或者转换成 DOM 对象来判断，例如：if($("title")[0]){…}。

11.3 jQuery 选择器的分类

jQuery 选择器分为基本选择器、层次选择器、过滤选择器和表单选择器等。本节将使用不同的选择器来查找 HTML 代码中的元素，并对其进行简单的操作。

【例 11-4】　查找 HTML 元素，并对其进行操作。

参考代码：

```
<!DOCTYPE html>
<html>
    <head><meta charset="utf-8"><title></title></head>
    <body>
        <h3>jQuery 效果</h3>
        <div id="one">隐藏/显示</div>
        <div class="two">淡入淡出</div>
        <div>
            <span>jQuery </span>停止动画
        </div>
        <h3>
            <span class="test">自定义动画</span>
        </h3>
        <div class="test" id="ch">改变元素的高度</div>
        <div class="testa">图片左右移动</div>
        <div class="btest">
            <h3>
                <span>表单级联效果</span>
            </h3>
        </div>
        <p id="move">jQuery 滑动</p>
        <div style="width: 300px;height:30px;"></div>
    </body>
</html>
```

1. 基本选择器

基本选择器是 jQuery 中最常用的选择器，也是最简单的选择器，它通过元素 id、class、标签名等来查找 DOM 元素。在网页中，每个 id 名称只能使用一次，class 允许重复使用。基本选择器的说明如表 11-1 所示。

表 11-1　基本选择器

选择器	描　述	返回值
#id	ID 选择器，根据给定 id 匹配一个元素	单个元素
.class	类选择器，根据给定类名匹配元素	集合元素
element	标签选择器，根据给定标签名匹配元素	集合元素
selector1,…,selectorN	并集选择器，将每一个选择器匹配到的元素合并后一起返回	集合元素
element.class 或 element#id	交集选择器，匹配指定 class 或 id 的某元素或元素集合	集合元素
*	匹配所有元素	集合元素

可以使用这些基本选择器来完成绝大多数的工作。下面用它们来查找上面 HTML 代码中的<div>、<span>等元素，并进行相应的操作（如改变节点的背景色），例如：

```
//改变 id 为 one 的元素的背景色
$("#one").css("background-color","#87ad79");
//改变 class 为 two 的所有元素的背景色
$(".two").css("background-color","#87ad79");
//改变所有标签名为<div>的所有元素的背景色
$("div").css("background-color","#87ad79");
//改变所有的<span>元素和 class 为 two 的元素的背景色
$("span,.two").css("background-color","#87ad79");
//改变所有的 class 为 test 的 div 元素的背景色
$("div.test").css("background-color","#87ad79");
//改变所有元素的背景色
$("*").css("background-color","#87ad79");
```

注意：关于选择器操作的 jQuery 代码需单句调试，这样才可以看到准确的运行效果。

2. 层次选择器

如果想通过 DOM 元素之间的层次关系来获取特定元素，例如后代元素、子元素、相邻元素和兄弟元素等，那么层次选择器是一个非常好的选择。层次选择器的说明如表 11-2 所示。

表 11-2　层次选择器

选择器	描述	返回值
$("ancestor descendant")	后代选择器，选取 ancestor 元素里的所有 descendant（后代元素）	集合元素
$("parent > child")	子代选择器，选取 parent 元素下的 child（子）元素，但不包括孙子、曾孙里面的元素	集合元素
$("prev+next")	相邻元素选择器，选取紧接在 prev 元素后的 next 元素	集合元素
$("prev~siblings")	兄弟元素选择器，选取 prev 元素之后的所有 siblings 元素	集合元素

继续沿用刚才例子中的 HTML 和 CSS 代码，然后用层次选择器来对网页中的<div>、<span>等元素进行操作。例如：

```
//改变<div>内所有<span>的背景色
$("div span").css("background-color","#87ad79");
//改变<div>内子代<span>元素的背景色(不包括孙辈)
$("div > span").css("background-color","#87ad79");
//改变 id 为 one 的元素的下一个<div>元素的背景色
$("#one + div").css("background-color","#87ad79");
//改变 class 为 two 的元素后面的所有<div>兄弟元素的背景色
$(".two~div").css("background-color","#87ad79");
```

在层次选择器中，第 1 个和第 2 个选择器比较常用，而后面两个因在 jQuery 中可以用更简单的方法代替，所以使用的概率相对少些。

$("prev+next")选择器可用 next()方法代替，$(".two").next("div")等价于

$(".two +div")。

$("prev~siblings")选择器可用 nextAll()方法代替，$(".two ").nextAll("div")等价于 $(".two ~div")。

例如：

```
//选取 class 为"two"之后的所有兄弟 div 元素(向前后搜索)
$(".two~div").css("background-color","#87ad79");
//选取 class 为"two"之后的所有兄弟 div 元素(向后搜索)
$(".two ").nextAll("div").css("background-color","#87ad79");
//选取 class 为"two"所有的兄弟 div 元素(向前后搜索)
$(".two ").siblings("div").css("background-color","#87ad79");
```

需要注意：$(".two~div")选择器只能选择 class 为"two"元素后面的兄弟<div>元素。而 jQuery 的 siblings()方法与前后位置无关，只要是兄弟元素节点就可匹配。

3. 过滤选择器

过滤选择器主要是通过特定的过滤规则来筛选出所需的 DOM 元素，过滤规则与 CSS 的伪类选择器语法相同，即选择器都以一个冒号(:)开头。按照不同的过滤规则，过滤选择器可以分为基本过滤选择器、属性过滤选择器、内容过滤选择器、子元素过滤选择器、可见性过滤选择器和表单过滤选择器。

1）基本过滤选择器(表 11-3)

表 11-3　基本过滤选择器

选择器	描　述	返回值
:first	选取第一个元素	单个元素
:last	选取最后一个元素	单个元素
:not(selector)	去除所有与给定选择器匹配的元素	集合元素
:even	选取索引是偶数的所有元素，索引从 0 开始	集合元素
:odd	选取索引是奇数的所有元素，索引从 0 开始	集合元素
:eq(index)	选取索引等于 index 的元素(index 从 0 开始)	单个元素
:gt(index)	选取索引大于 index 的元素(index 从 0 开始)	集合元素
:lt(index)	选取索引小于 index 的元素(index 从 0 开始)	集合元素
:header	选取所有的标题元素，例如 h1，h2，h3 等	集合元素
:animated	选取当前正在执行动画的所有元素	集合元素

接下来使用这些基本过滤选择器来对网页中的<div>、<span>等元素进行操作。

```
//改变第 1 个<div>元素的背景色
$("div:first").css("background-color","#87ad79");
//改变最后一个<div>元素的背景色
$("div:last").css("background-color","#87ad79");
//改变 id 不为 one 的<div>元素的背景色
$("div:not(#one)").css("background-color","#87ad79");
//改变索引为偶数的<div>元素的背景色
$("div:even").css("background-color","#87ad79");
```

```
//改变索引为奇数的<div>元素的背景色
$("div:odd").css("background-color","#87ad79");
//改变索引等于 0 的<div>元素的背景色
$("div:eq(0)").css("background-color","#87ad79");
//改变索引值大于 1 的<div>元素的背景色
$("div:gt(1)").css("background-color","#87ad79")
//改变索引值小于 2 的<div>元素的背景色
$("div:lt(2)").css("background-color","#87ad79");
//改变所有的标题元素,例如:<h1>,<h2>.<h3>… 这些元素的背景色
$(":header").css("background-color","#87ad79");
//单击 id 为 move 的元素,改变当前正在执行动画的元素的背景色
$("#move").click(function(){
    $(this).animate({"width":"+=100", "height":"+=100"}, "slow");
    $(":animated").css("background-color", "#87ad79");
})
```

2）属性过滤选择器

属性过滤选择器如表 11-4 所示,其过滤规则是通过元素的属性获取相应的元素。

表 11-4　属性过滤选择器

选　择　器	描　　述	返回值
[attribute]	选取拥有此属性的元素	集合元素
[attribute=value]	选取属性的值为 value 的元素	集合元素
[attribute!=value]	选取属性的值不等于 value 的元素	集合元素
[attribute^=value]	选取属性的值以 value 开始的元素	集合元素
[attribule$=value]	选取属性的值以 value 结束的元素	集合元素
[attribute*=value]	选取属性的值含有 value 的元素	集合元素
[selectorl]...[selectorN]	用属性选择器合并成一个复合属性选择器,满足多个条件。每选择一次,缩小一次范围	集合元素

接下来使用属性过滤选择器来对<div>和<span>等元素进行操作。

```
//改变含有 class 属性的<div>元素的背景色
$("div[class]").css("background-color","#87ad79");
//改变属性 class 值等于"test"的<div>元素的背景色
$("div[class=test]").css("background-color","#87ad79");
//改变属性 class 值不等于"test"的<div>元素的背景色
$("div[class!=test]").css("background-color","#87ad79");
//改变属性 class 值以"te"开始的<div>元素的背景色
$("div[class^=te]").css("background-color","#87ad79");
//改变属性 class 值以"est"结束的<div>元素的背景色
$("div[class$=est]").css("background-color","#87ad79");
//改变属性 class 值含有"es"的<div>元素的背景色
$("div[class*=es]").css("background-color", "#87ad79");
//改变含有属性 id 并且属性 class 值含有"es"的<div>元素的背景色
$("div[id][class*=es]").css("background-color","#87ad79");
```

3）内容过滤选择器

内容过滤选择器如表 11-5 所示，其过滤规则主要体现在它所包含的子元素或文本内容。

表 11-5　内容过滤选择器

选择器	描　　述	返回值
:contains(text)	选取含有文本内容为 text 的元素	集合元素
:empty	选取不包含子元素或者文本的空元素	集合元素
:has(selector)	选取含有选择器所匹配的元素的元素	集合元素
:parent	选取含有子元素或者文本的元素	集合元素

接下来使用内容过滤选择器来操作页面中的元素。

```
//改变含有文本"表单"的<div>元素的背景色
$("div:contains('表单')").css("background-color","#87ad79");
//改变不包含子元素(文本元素)的<div>空元素的背景色
$("div:empty").css("background-color","#87ad79");
//改变含有 span 元素的<div>元素的背景色
$("div:has(span)").css("background-color","#87ad79");
//改变含有子元素(文本元素)的<div>元素的背景色
$("div:parent").css("background-color","#87ad79");
```

4）子元素过滤选择器

子元素过滤选择器如表 11-6 所示，其过滤规则相对于其他的选择器稍微复杂些，但只要将元素的父元素和子元素区分清楚，使用起来就会非常简单。另外还要注意它与基本过滤选择器的区别。

表 11-6　子元素过滤选择器

选择器	描　　述	返回值
:nth-child()	选择每个父元素下的第 index 个子元素或者奇偶元素(index 从 1 算起)	集合元素
:first-child	选取每个父元素的第 1 个子元素	集合元素
:last-child	选取每个父元素的最后一个子元素	集合元素
:only-child	如果某个元素是其父元素唯一的子元素，那么将会被匹配。如果父元素中含有其他元素，则不会被匹配	集合元素

:nth-child()选择器是一个子元素过滤选择器，详细功能如下。

:nth-child(even)能选取每个父元素下的索引值是偶数的子元素。

:nth-child(odd)能选取每个父元素下的索引值是奇数的子元素。

:nth-child(2)能选取每个父元素下的索引值等于 2 的子元素。

:nth-child(3n)能选取每个父元素下的索引值是 3 的倍数的子元素。

:nth-child(3n+1)能选取每个父元素下的索引值是 3 的倍数加 1 的子元素。

接下来利用刚才所讲的选择器来改变<div>元素的背景色。

【例 11-5】　子元素过滤选择器的应用。

参考代码：

HTML 代码如下。

```
<!DOCTYPE html>
<html>
    <head><meta charset = "utf - 8"><title></title></head>
    <body>
        <h1>jQuery 教程</h1>
        <ul class = "one">
            <li>jQuery 简介</li>
            <li>jQuery 安装</li>
            <li>jQuery 语法</li>
            <li>jQuery 选择器</li>
            <li>jQuery 事件</li>
        </ul>
        <h1>jQuery 遍历</h1>
        <ul class = "two">
            <li>jQuery 祖先</li>
            <li>jQuery 后代</li>
            <li>jQuery 兄弟</li>
            <li>jQuery 过滤</li>
        </ul>
        <h1><span>jQuery</span>Ajax</h1>
        <ul class = "two">
            <li>jQuery Ajax 简介</li>
        </ul>
        <span>jQuery 代码优化</span>
    </body>
</html>
```

jQuery 代码如下。

```
//改变每个包含 2 个<li>的父对象内的第 2 个<li>子元素的背景色
$("li:nth - child(2)").css("background - color","#87ad79");
//改变每个 class 为 one 的<ul>父元素下的第 1 个子元素的背景色
$("ul.one :first - child").css("background - color","#87ad79");
//改变每个 class 为 One 的<ul>父元素下的最后一个子元素的背景色
$("ul.one:last - child").css("background - color","#87ad79");
//改变父元素下只有一个子元素的<span>的背景色
$("span:only - child").css("background - color","#87ad79");
```

5）可见性过滤选择器

可见性过滤选择器如表 11-7 所示，其根据元素的可见和不可见状态选择相应的元素。

表 11-7　可见性过滤选择器

选择器	描述	返回值
:hidden	选取所有不可见的元素	集合元素
:visible	选取所有可见的元素	集合元素

在下面的例子中，使用可见性过滤选择器来操作 DOM 元素。

【例 11-6】 通过可见性过滤选择器，分别进行修改可见元素的背景、把可见元素设置成不可见、不可见元素设置成可见等操作。

参考代码：

HTML 代码如下。

```
<!DOCTYPE html>
<html>
    <head><meta charset="utf-8"><title></title></head>
    <body>
        <div>可见 div1 </div>
        <div>可见 div2 </div>
        <div style="display: none;">隐藏 div3 </div>
    </body>
</html>
```

jQuery 代码如下。

```
//改变所有可见的<div>元素的背景色
$("div:visible").css("background-color","#87ad79");
//隐藏显示的<div>元素
$("div:visible").hide();
//显示隐藏的元素(包括备注)
$(":hidden").show();
//显示隐藏的<div>元素
$("div:hidden").show();
```

6）表单过滤选择器

表单过滤选择器如表 11-8 所示，其主要是对所选的表单元素进行过滤，例如选择被选中的下拉框等。

表 11-8　表单过滤选择器

选择器	描　述	返回值
:enabled	选取所有可用元素	集合元素
:disabled	选取所有不可用元素	集合元素
:checked	选取所有被选中的元素(单选框、复选框)	集合元素
:selected	选取所有被选中的选项元素(下拉列表)	集合元素

在下面的例子中，使用表单过滤选择器来操作表单元素。

【例 11-7】 运用 jQuery 的表单过滤选择器来获取表单控件值。表单界面如图 11-3 所示，单击“统计填报信息”按钮，获取用户名(可用控件)、曾用名(不可用控件)的信息，统计兴趣爱好、擅长领域的数量，将统计结果显示在界面下方。

参考代码：

```
<!DOCTYPE html>
<html>
    <head>
        <meta charset="utf-8"><title></title>
        <style type="text/css">
            input,select{margin-bottom: 10px;}
            #msg{color:#EB2220}
```

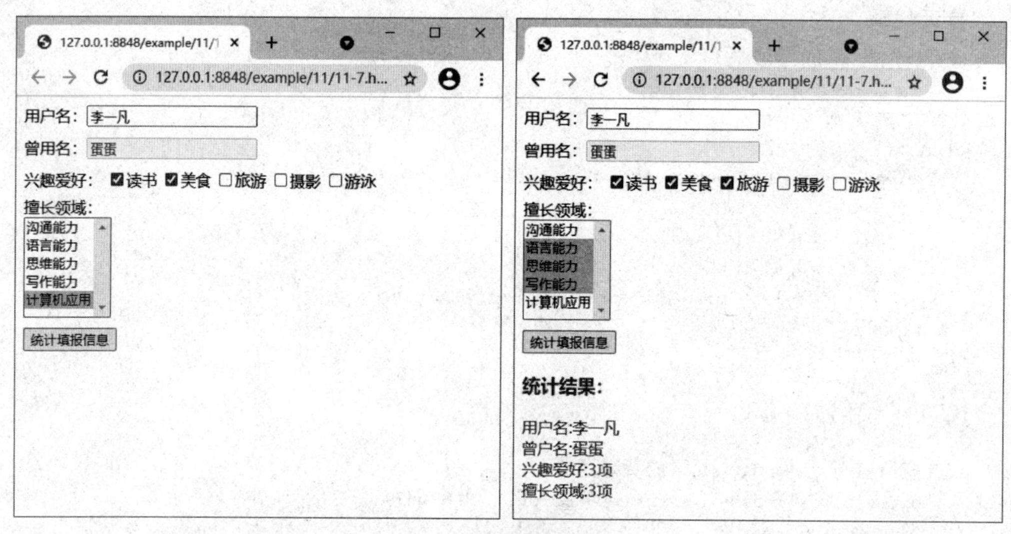

图 11-3　操作前后的表单界面

```
    </style>
</head>
<body>
    <form id="form1" name="form1" action="#">
        用户名:<input type="text" value="李一凡"/>
        <br/>
        曾用名:<input type="text" disabled="disabled" value="蛋蛋"/>
        <br/>
        兴趣爱好:
        <input type="checkbox" name="ck1" value="n1" checked="checked"/>读书
        <input type="checkbox" name="ck2" value="n2" checked="checked"/>美食
        <input type="checkbox" name="ck3" value="n3" />旅游
        <input type="checkbox" name="ck4" value="n4" />摄影
        <input type="checkbox" name="ck5" value="n5" />游泳
        <br/>
        擅长领域:<br/>
        <select id="s1" multiple="multiple" style="height:100px">
            <option>沟通能力</option>
            <option>语言能力</option>
            <option>思维能力</option>
            <option>写作能力</option>
            <option selected="selected">计算机应用</option>
        </select>
        <br/>
        <button id="btn1">统计填报信息</button>
        <br/>
        <span id="msg"></span>
    </form>
    <script src="js/jQuery-3.6.0.js"></script>
    <script type="text/javascript">
        $("#btn1").click(function(){
```

```
            //获取表单内可用<input>元素的值
            var $userName = $("#form1 input:enabled").val();
            //改变表单内不可用<input>元素的值
            var $formerName = $("#form1 input:disabled").val();
            //获取多选框选中的个数
            var $fond = $("input:checked").length;
            //获取下拉框选中的个数
            var $skill = $("select option:selected").length;
            //统计表单控件信息
            var $msg = "<h3>统计结果:</h3>";
            $msg += "用户名:" + $userName + "<br/>";
            $msg += "曾户名:" + $formerName + "<br/>";
            $msg += "兴趣爱好有:" + $fond + "项<br/>";
            $msg += "擅长领域有:" + $skill + "项<br/>";
            //显示统计信息
            $('#msg').html($msg);
        })
    </script>
  </body>
</html>
```

4. 表单选择器

为了能够更加灵活地操作表单,jQuery 中专门加入了表单选择器,能极其方便地获取到表单的某个或某类型的元素,如表 11-9 所示。

表 11-9　表单选择器示例

选择器	描　述	返　回
:input	选取所有<input>、<textarea>、<select>和<button>元素	集合元素
:text	选取所有的单行文本框	集合元素
:password	选取所有的密码框	集合元素
:radio	选取所有的单选框	集合元素
:checkbox	选取所有的多选框	集合元素
:submit	选取所有的提交按钮	集合元素
:image	选取所有的图像按钮	集合元素
:reset	选取所有的重置按钮	集合元素
:button	选取所有的按钮	集合元素
:file	选取所有的上传域	集合元素
:hidden	选取所有不可见元素	集合元素

【例 11-8】 运用表单选择器查找上面代码中表单各种元素的个数,并在控制台上输出查询结果。

参考代码:

```
//获取 id 为 form1 的表单中 input 元素的个数,包括<select>和<button>
var len1 = $("#form1 :input").length;
```

```
//获取 id 为 form1 的表单中文本框的个数
var len2 = $("#form1 :text").length;
//获取 id 为 form1 的表单中密码框的个数
var len3 = $("#form1 :password").length;
//控制台输出信息(9 2 0)
console.log(len1,len2,len3);
```

同理,其他表单选择器的操作与此类似。

本章小结

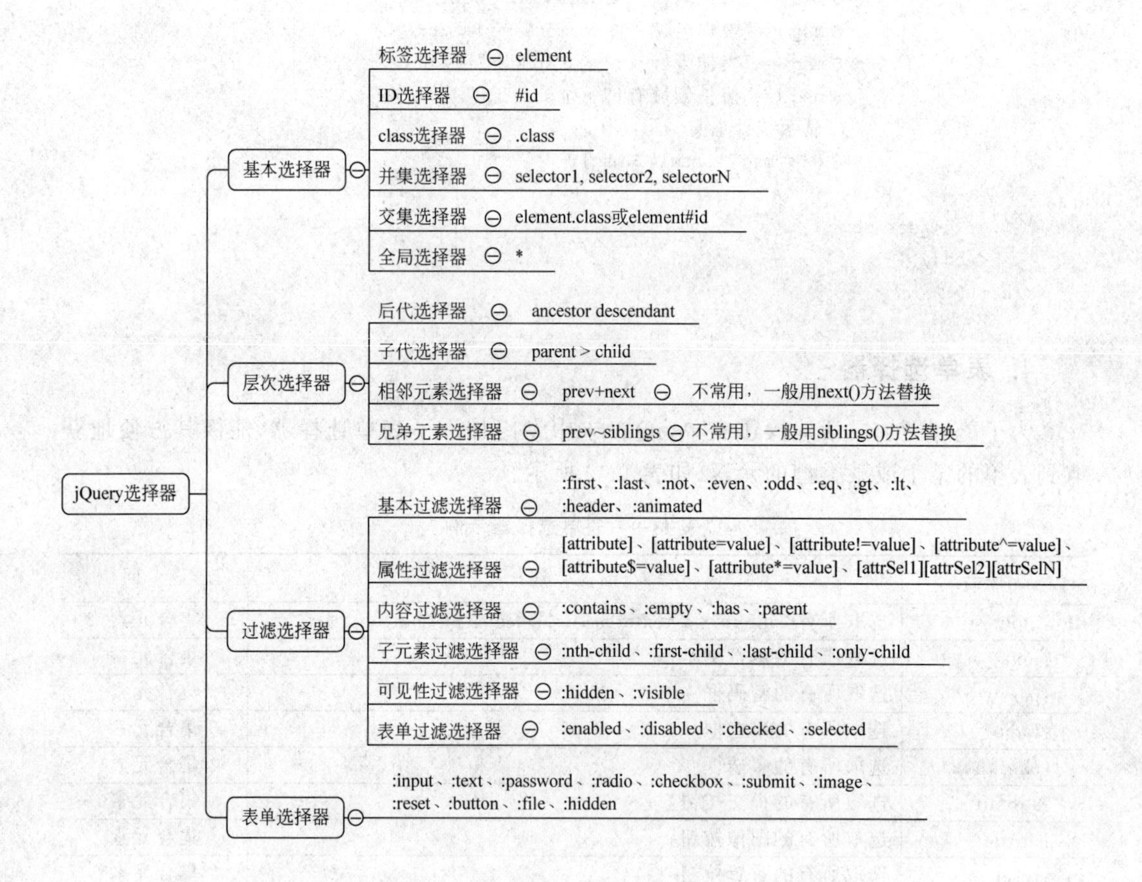

练　习　11

(1) 以下关于 jQuery 的描述错误的是(　　)。

A. jQuery 是一个 JavaScript 函数库

B. jQuery 极大地简化了 JavaScript 编程

C. jQuery 的设计思想是“write less,do more”

D. jQuery 的核心功能不是根据选择器查找 HTML 元素,然后对这些元素执行相关的操作

(2) 下面选择器的名称是(　　)。

```
$ ("parent > child")
$ ("ancestor descendant")
```

A. 后代选择器、子代选择器　　　B. 后代选择器、兄弟元素选择器
C. 子代选择器,相邻元素选择器　　　D. 子代选择器、后代选择器

(3) 在 jQuery 中,若要查找所有元素的兄弟元素,(　　)方法是可以实现的。

A. eq(index)　　B. find(expr)　　C. siblings([expr])　D. next()

(4) 存在<input name="id" type="hidden"/>,若要找到这个 hidden 元素,可以选择(　　)选择器实现。

A. :visible　　B. :hidden　　C. visible()　　D. hidden()

(5) 若要找到一个表格指定行数的元素,用(　　)方法可以快速定位。

A. text()　　B. get()　　C. eq()　　D. contents()

(6) 把所有 p 元素的背景色设置为红色的正确的 jQuery 代码是(　　)。

A. $("p").manipulate("background-color","red");
B. $("p").layout("background-color","red");
C. $("p").style("background-color","red");
D. $("p").css("background-color","red");

(7) 通过 jQuery 选择器 $("div") 能够选取(　　)。

A. 首个 div 元素　　　B. 所有 div 元素

(8) 通过 jQuery,$("div.intro") 能够选取的元素是(　　)。

A. class="intro"的首个 div 元素
B. id="intro"的首个 div 元素
C. class="intro"的所有 div 元素
D. id="intro"的所有 div 元素

(9) $("div#intro .head") 选择器表示选取(　　)。

A. id="intro"或 class="head"的所有 div 元素
B. class="intro"的任何 div 元素中的首个 id="head"的元素
C. id="intro"的首个 div 元素中的 class="head"的所有子元素
D. class="intro"的任何 div 元素中的所有 id="head"的子元素

(10) jQuery 方法(　　)用于隐藏被选元素。

A. hidden()　　　B. hide()
C. display(none)　　　D. visible(false)

第 12 章 jQuery 的 DOM 操作

DOM 定义了访问 HTML 和 XML 文档的标准。根据 W3C DOM 规范，DOM 是一种与浏览器、平台、语言无关的接口，使用该接口可以轻松地访问页面中的所有标准组件。jQuery 中非常重要的功能就是操作 DOM 的能力。jQuery 提供一系列与 DOM 相关的方法，这使访问和操作元素和属性变得很容易。

12.1 DOM 操作的分类

一般来说，DOM 操作分为 3 个方面，即 DOM-Core(核心)、HTML-DOM 和 CSS-DOM。

1. DOM-Core

DOM-Core 并不专属于 JavaScript，任何一种支持 DOM 的程序设计语言都可以使用。它的用途并非仅限于处理网页，也可以用来处理任何结构化文档(包括 HTML、XHTML 和 XML)。JavaScript 中的 getElementById()、getElementByTagName()、setAttribute()和 getAttribute()等方法，这些都是 DOM-Core 的组成部分。例如：

使用 DOM-Core 获取表单对象的方法如下。

```
document.getElementsByTagName("form");
```

使用 DOM-Core 获取某元素的 src 属性的方法如下。

```
element.getAttribute("src");
```

适用场景：若把 DOM 看作树，DOM-Core 适合操作节点，如增减枝干、查找特定枝干等。

2. HTML-DOM

HTML-DOM 定义了用于操作 HTML 文档专用的 API，是对核心 DOM 的扩展。HTML-DOM 有很多对象模型来自核心 DOM，例如，HTML Document 接口继承自核心 DOM 的 Document 接口，但在使用 JavaScript 和 DOM 为 HTML 文件编写脚本时，有许多专属于 HTML-DOM 的属性。HTML-DOM 的出现甚至比 DOM Core 还要早，它提供了大量便利的方法和属性，可以以一种简便的方法访问 DOM 树。例如：

使用 HTML-DOM 来获取表单对象的方法如下。

```
// HTML - DOM 提供了一个 forms 对象
document.forms;
```

使用 HTML-DOM 来获取某元素的 src 属性的方法如下。

```
element.src;
```

获取某些对象或属性，既可以用 DOM-Core 来实现，也可以使用 HTML-DOM 来实现。相比较而言，HTML-DOM 的代码通常比较简单，不过它只能用来处理 Web 文档。

适用场景：HTML-DOM 适合操作对象的属性，如读取或更改 DOM 枝干的外观、颜色、属性、样式等。

3. CSS-DOM

CSS-DOM 是针对 CSS 的操作。在 JavaScript 中，CSS-DOM 技术的主要作用是获取和设置 style 对象的各种属性。通过改变 style 对象的各种属性，可以使网页呈现出各种不同的效果。

例如，设置某元素 style 对象字体颜色的方法如下。

```
Element.style.color = "#FF0000";
```

jQuery 作为 JavaScript 库，继承并发扬了 JavaScript 对 DOM 对象的操作的特性，使开发人员能方便地操作 DOM 对象。下面详细介绍 jQuery 中的各种 DOM 操作。

12.2　查找节点

1. 节点类型

常见的节点有以下几种类型。

(1) 文档节点：整个文档是一个文档节点。

(2) 元素节点：文档中的所有标签。例如，<h2>…</h2>标签属于元素节点。

(3) 文本节点：标签内的文本内容。例如“<p>站酷设计师互动平台</p>”中，“站酷设计师互动平台”属文本节点内容。

(4) 属性节点：标签的属性，属元素节点的子节点。例如“<a href="https://www.zcool.com.cn/">…</a>”中，<a>标签的 href 属性为属性节点。

2. 查找元素节点

使用 jQuery 在 DOM 树上查找节点非常容易，可以通过 jQuery 选择器来完成。

【例 12-1】 以下面 HTML 代码为例，查找不同的元素节点。

```
<ul><!-- ul (父节点) -->
    <li>li (类名为"star"的上一个兄弟节点)</li>
    <li>li (类名为"star"的上一个兄弟节点)</li>
    <li class = "start">
        li (类名为"star"的元素节点)
        <ul>
            <li>li 类名为"star"的后代节点</li>
```

```
            <li>li 类名为"star"的后代节点</li>
        </ul>
    </li>
    <li>li (类名为"star"的下一个兄弟节点)</li>
    <li>li (类名为"star"的下一个兄弟节点)</li>
</ul>
```

分析：

jQuery 获取元素节点的途径有以下几种。

(1) 使用 jQuery 的方法获取元素节点(父节点、子节点、兄弟节点)。

```
$("li.start").parent();            //获取 class 为 start 的<li>元素的父节点,即<ul>元素
$("li.start"").children("li");     //获取 class 为 start 的<li>元素的所有直接的子节点
$("li.start""). find ("li");       //获取 class 为 start 的<li>元素的后代元素(包括子节
                                   //点、孙节点)
$("li.start").siblings("li");      //获取 class 为 start 的<li>元素的所有兄弟节点
$("ul li").eq(1);                  //选取<ul>元素里的第二个<li>元素
$("ul li").first();                //选取<ul>元素中第一个<li>元素
$("ul li").last();                 //选取<ul>元素中最后一个<li>元素
$("ul li").slice(1, 4);            //选取<ul>元素中第 2 ~ 4 个<li>元素
$("ul li").filter(":even");        //选取<ul>元素中所有偶数项的<li>元素
```

(2) 通过 jQuery 选择器来获得元素节点,返回值为一个新的 jQuery 对象。

```
$("ul li:eq(0)");                  // 使用过滤选择器,获取<ul>标签内第一个<li>元素
```

参考代码：

```
<!DOCTYPE html>
<html>
    <head><meta charset = "utf-8"><title></title></head>
    <body>
        <ul><!-- ul (父节点) -->
            <li>li (类名为"star"的上一个兄弟节点)</li>
            <li>li (类名为"star"的上一个兄弟节点)</li>
            <li class = "start">
                li (类名为"star"的元素节点)
                <ul>
                    <li>li 类名为"star"的后代节点</li>
                    <li>li 类名为"star"的后代节点</li>
                </ul>
            </li>
            <li>li (类名为"star"的下一个兄弟节点)</li>
            <li>li (类名为"star"的下一个兄弟节点)</li>
        </ul>
        <script type = "text/JavaScript" src = "js/jQuery - 3.6.0.js"></script>
        <script type = "text/javascript">
            //使用 jQuery 方法,获取 class 为 start 的<li>元素的父节点,即<ul>元素
            var $obj1 = $("li.start").parent();
            //浏览器控制台显示获取的元素节点
```

```
            console.log( $obj1);
            //使用 jQuery 方法,获取 class 为 start 的<li>元素的直接子节点<li>,0 个
            var $obj2 = $("li.start").children("li");
            console.log( $obj2);
            //使用 jQuery 方法,获取 class 为 start 的<li>元素所有后代节点<li>,2 个
            var $obj3 = $("li.start").find("li");
            console.log( $obj3);
            //使用 jQuery 方法,获取 class 为 start 的<li>元素所有兄弟节点<li>,4 个
            var $obj4 = $("li.start").siblings("li");
            console.log( $obj4);
            // 使用 jQuery 方法,选取<ul>元素里的第二个<li>元素
            var $obj5 = $("ul li").eq(1);
            console.log( $obj5);
            //使用 jQuery 方法,选取<ul>元素中第一个<li>元素
            var $obj6 = $("ul li").first();
            console.log( $obj6);
            //使用 jQuery 方法,选取<ul>元素中最后一个<li>元素
            var $obj7 = $("ul li").last();
            console.log( $obj7);
            //使用 jQuery 方法,选取<ul>元素中第 2 ~ 4 个<li>元素
            var $obj8 = $("ul li").slice(1, 4);
            console.log( $obj8);
            //使用 jQuery 方法,选取<ul>元素中所有偶数项的<li>元素
            var $obj9 = $("ul li").filter(":even");
            console.log( $obj9);
            //使用过滤选择器,获取<ul>元素里的第一个<li>元素
            var $obj10 = $("ul li:eq(0)");
            console.log( $obj10);
        </script>
    </body>
</html>
```

注意：本例中的 jQuery 代码写在</body>之前，是保证 DOM 加载完成后才对 DOM 进行操作。如果代码写在< head >中，需要把 jQuery 代码放在 $(document).ready(function){}内。运行结果如图 12-1 所示。

3. 查找和设置文本节点

获取元素的文本节点内容的 jQuery 方法有以下几种。

1）text()方法

text()方法用于设置或返回所选元素的文本内容。

(1) 获取文本内容。当 text()方法内无参数时，它会返回所有匹配元素的文本内容（会删除 HTML 标签）。

```
$(selector).text()
```

(2) 设置文本内容。若 text()方法设有参数时，该方法用于设置文本节点的值，它会覆盖被选元素的所有内容。

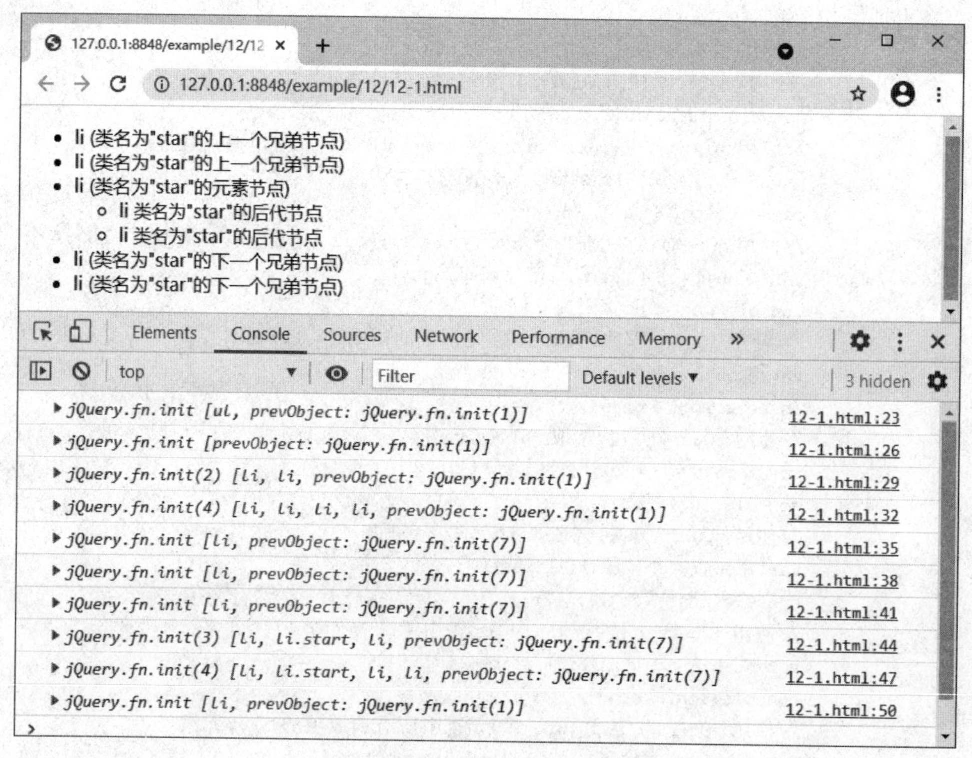

图 12-1　查找元素节点的运行结果

```
$(selector).text(content)          //content 为被选元素的新文本内容
```

（3）使用函数设置文本内容。当 text()方法的参数是函数时，使用函数设置所有被选元素的文本内容。语法格式如下。

```
$(selector).text(function(index,oldcontent))
```

function 是必需参数，它规定返回被选元素的新文本内容。index 为可选参数，它接收选择器的 index 位置。oldcontent 也是可选参数，它接收选择器的旧内容。

2）html()方法

html()方法设置或返回匹配的元素集合中的 HTML 内容，类似于 JavaScript 中的 innerHTML。语法格式如下。

```
$(selector).html()
$(selector).html(content)
```

如果该方法无参数时，表示返回被选元素的当前值。若有参数，表示设置被选元素的值。

3）val()方法

设置或返回表单字段的值。语法格式如下。

```
$(selector).val()
$(selector).val(value)
```

如果该方法无参数时，表示返回被选元素的当前值。若有参数，表示设置被选元素的值。

【例 12-2】 单击“显示文本”按钮，显示文本节点内容。运行结果如图 12-2 所示。

参考代码：

```
<!DOCTYPE html>
<html>
    <head><meta charset="utf-8"><title></title></head>
    <body>
        <p id="main">这是段落中的<b>粗体</b>文本</p>
        <button id="btn1">显示文本</button>
        <button id="btn2">显示 HTML</button>
        <p>请输入昵称:<input type="text" id="username" value="米老鼠"/></p>
        <button id="btn3">显示表单控件值</button>
        <script src="js/jQuery-3.6.0.js"></script>
        <script type="text/javascript">
            $("#btn1").click(function(){
                alert("Text: " + $("#main").text());
            });
            $("#btn2").click(function(){
                alert("HTML: " + $("#main").html());
            });
            $("#btn3").click(function(){
                alert("Value: " + $("#username").val());
            });
        </script>
    </body>
</html>
```

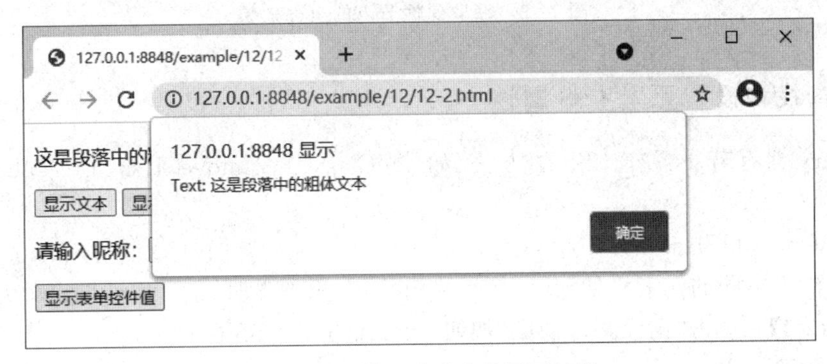

图 12-2 操作文本节点的页面效果

4. 查找和设置属性节点

利用 jQuery 选择器查找到需要的元素后，就可以使用 attr()方法获取它的各种属性值。attr()方法的参数可以是一个，也可以是两个。语法格式如下。

```
$(selector).attr(attribute)          //获取被选元素的 attribute 属性的属性值
$(selector).attr(attribute,value)    //设置被选元素的 attribute 属性的值为 value
```

【例 12-3】 单击“显示 href 值”按钮，获取<a>节点，并将它的 href 属性值显示出来。

```
<!DOCTYPE html>
<html>
    <head><meta charset="utf-8"><title></title></head>
    <body>
        <a href="http://www.w3school.com.cn">W3School</a>
        <p><button>显示 href 值</button></p>
        <script src="js/jQuery-3.6.0.js"></script>
        <script type="text/javascript">
            $("button").click(function(){
                alert($("a").attr("href"));
            });
        </script>
    </body>
</html>
```

运行结果如图 12-3 所示。

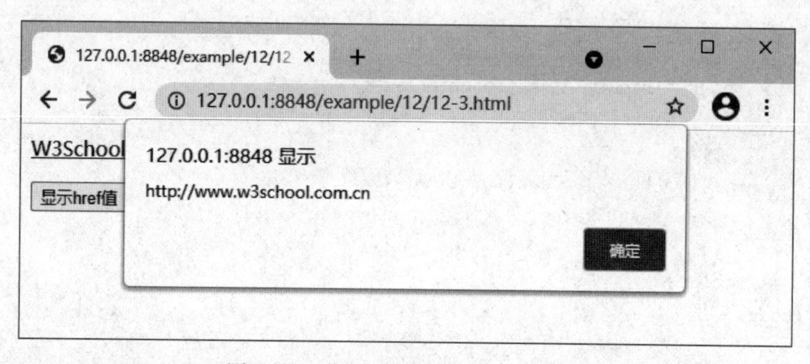

图 12-3　获取属性节点的页面效果

5. 查找和设置元素 CSS 属性

jQuery 拥有若干操作 CSS 的方法，如 addClass()、removeClass()、toggleClass()、css()等。

1) jQueryaddClass()方法

该方法向不同的元素添加 class 属性。当然，在添加类时，也可以选取多个元素。

【例 12-4】 单击“向元素添加类”按钮，改变元素的 CSS 样式。

参考代码：

```
<!DOCTYPE html>
<html>
    <head>
        <meta charset="utf-8"><title></title>
        <style type="text/css">
            .green{color:#1aa034;}
            .important{font-weight:bold;font-size:xx-large;}
        </style>
```

```
    </head>
    <body>
        <h1>标题 1</h1>
        <h2>标题 2</h2>
        <p>这是一个段落.</p>
        <p>这是另一个段落.</p>
        <div>这是非常重要的文本!</div>
        <br>
        <button id="btn1">向元素添加类</button>
        <script src="js/jQuery-3.6.0.js"></script>
        <script type="text/javascript">
            $("#btn1").click(function(){
                $("h1,h2,p").addClass("green");
                $("div").addClass("important");
            });
        </script>
    </body>
</html>
```

也可以在 addClass()方法中规定多个类。例如：

```
$("div").addClass("important green");
```

运行结果如图 12-4 所示。

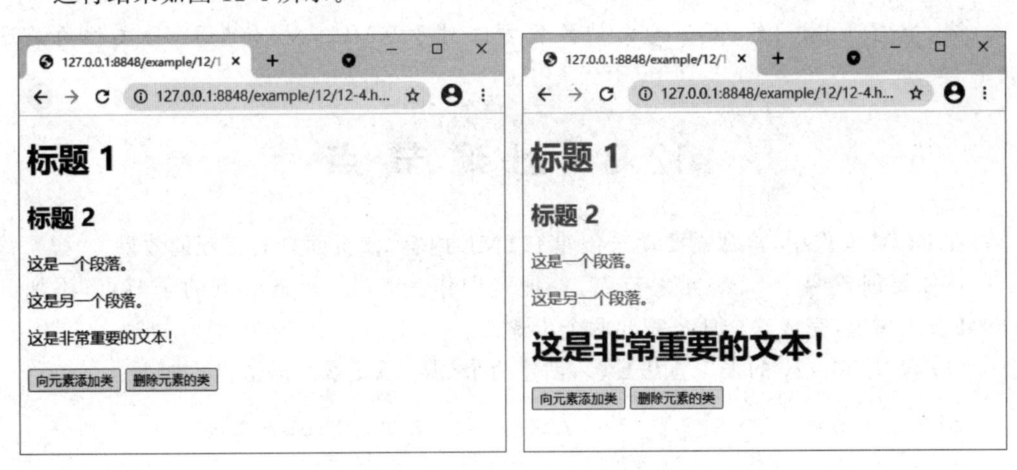

图 12-4 CSS 属性设置前后的效果

2) jQuery removeClass()方法

该方法删除指定元素中的 class 属性,例如：

```
$("h1,h2,p").removeClass("green");
```

3) jQuery toggleClass()方法

toggleClass()模拟了 addClass()与 removeClass ()实现样式切换的过程,对被选元素进行添加/删除类的切换操作。例如：

```
$("h1,h2,p").toggleClass("green");
```

4) jQuery css()方法

该方法设置或返回被选元素的一个或多个样式属性。

(1) 获取 CSS 属性值的语法格式如下。

```
css("propertyname");
```

例如，返回< p >元素的 background-color 属性值：

```
$("p").css("background-color");
```

(2) 设置单个 CSS 属性值的语法格式如下。

```
css("propertyname","value");
```

例如，设置< p >元素的 background-color 属性值：

```
$("p").css("background-color","yellow");
```

(3) 设置多个 CSS 属性值的语法格式如下。

```
css({"propertyname":"value","propertyname":"value",...});
```

例如，设置< p >元素的 background-color、font-size 属性值：

```
$("p").css({"background-color":"yellow","font-size":"200%"});
```

注：除了 html()外，jQuery 文档操作方法对于 XML 文档和 HTML 文档均是适用的。

12.3 创建节点

在 DOM 操作中，常常需要动态创建 HTML 内容，使页面具有交互的效果。

例如要创建两个< li >元素节点，并把它们作为< ul >元素节点的子节点，添加到 DOM 节点树上，完成这个任务需要两个步骤。

(1) 使用 jQuery 的工厂方法 $()，创建两个< li >新元素。语法格式如下。

```
$( html )                          //根据 HTML 字符串创建 jQuery 节点
```

(2) 将创建好的新元素插入文档中，可使用 jQuery 中的 append()等方法。

【例 12-5】 单击“添加节点”按钮，增加一个空节点、一个含属性节点和文本节点。

参考代码：

```
<!DOCTYPE html>
<html>
    <head><meta charset="utf-8"><title></title></head>
    <body>
        <ul>
            <li>List item 1</li>
            <li>List item 2</li>
        </ul>
```

```
        <button id="btn1">添加节点</button>
        <script src="js/jQuery-3.6.0.js"></script>
        <script type="text/javascript">
            $("#btn1").click(function(){
                //创建一个空<li>元素节点
                var $li_1 = $("<li></li>");
                //创建另外一个<li>元素节点、属性节点与文本节点
                var $li_2 = $("<li title='List item 4'>List item 4</li>");
                //在<ul>元素节点结尾插入<li>元素节点
                $("ul").append($li_1);
                $("ul").append($li_2);
            });
        </script>
    </body>
</html>
```

运行代码后,新创建的两个<li>元素将被添加到<ul>中,第一个因为暂时没有在<li></li>内添加任何文本,所以只能看到<li>元素的项目符号(黑点),如图 12-5 所示。

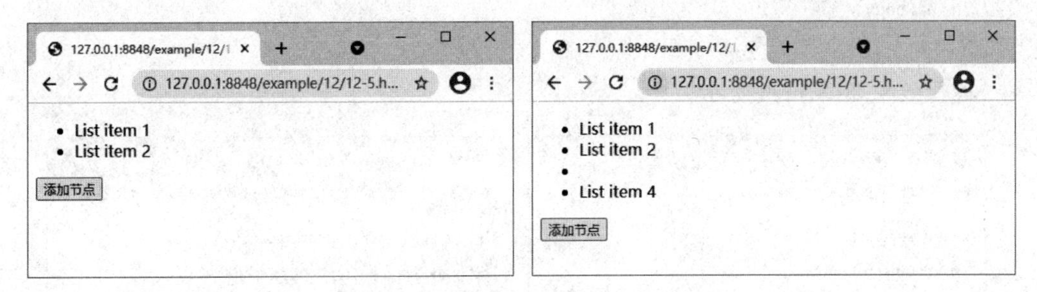

图 12-5 创建节点、添加节点前后的效果

12.4 插入节点

通过 jQuery,可以很容易地添加新内容。jQuery 添加新内容的方法如下。

append():在被选元素的结尾(仍然在内部)插入内容。

prepend():在被选元素的开头(仍然在内部)插入内容。

after():在被选元素之后插入内容。

before():在被选元素之前插入内容。

appendTo():将所有匹配的元素追加到指定的元素结尾(仍然在内部)。

prependTo():将所有匹配的元素前置到指定的元素开头(仍然在内部)。

insertAfter():将所有匹配的元素插入指定的元素之后。

insertBefore():将所有匹配的元素插入指定的元素前面。

【例 12-6】 单击不同的按钮,添加相应的元素节点。

参考代码:

```
<!DOCTYPE html>
<html>
```

```
    <head><meta charset = "utf - 8"><title></title></head>
    <body>
        <p>This is a paragraph.</p>
        <p>This is another paragraph.</p>
        <ul>
            <li>List item 1</li>
            <li>List item 2</li>
            <li>List item 3</li>
        </ul>
        <button id = "btn1">追加文本</button>
        <button id = "btn2">追加列表项</button>
        <script src = "js/jQuery - 3.6.0.js"></script>
        <script type = "text/javascript">
             $ ("#btn1").click(function(){
                 $ ("p").append(" <b>Appended text</b>.");
            });
             $ ("#btn2").click(function(){
                 $ ("ul").append("<li>Appended item</li>");
            });
        </script>
    </body>
</html>
```

运行效果如图 12-6 所示。

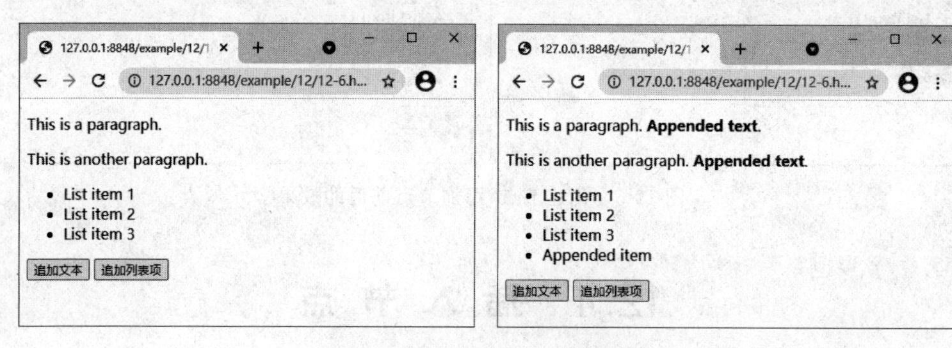

图 12-6　插入节点前后的效果

12.5 删除节点

通过 jQuery,可以很容易地删除已有的 HTML 元素。如需删除元素和内容,一般可使用以下两个 jQuery 方法。

(1) remove():删除被选元素及其子元素。

(2) empty():删除被选元素中的子元素。

【例 12-7】 单击"删除 div 元素"按钮,删除< div >元素节点。

参考代码:

```
<!DOCTYPE html>
<html>
    <head><meta charset = "utf - 8"><title></title></head>
```

```
    <body>
        <div style="background-color: #acf9bb">
            This is some text in the div.
            <p>This is a paragraph in the div.</p>
            <p>This is another paragraph in the div.</p>
        </div>
        <button id="btn1">删除 div 元素</button>
        <script src="js/jQuery-3.6.0.js"></script>
        <script type="text/javascript">
            $("#btn1").click(function(){
                $("div").remove();
            });
        </script>
    </body>
</html>
```

删除节点前后的效果如图 12-7 所示。

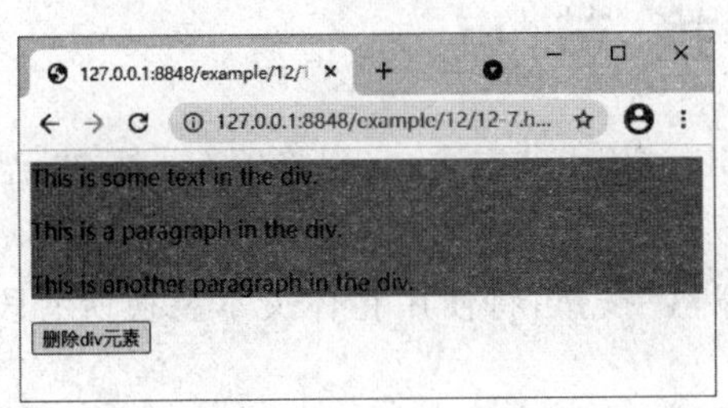

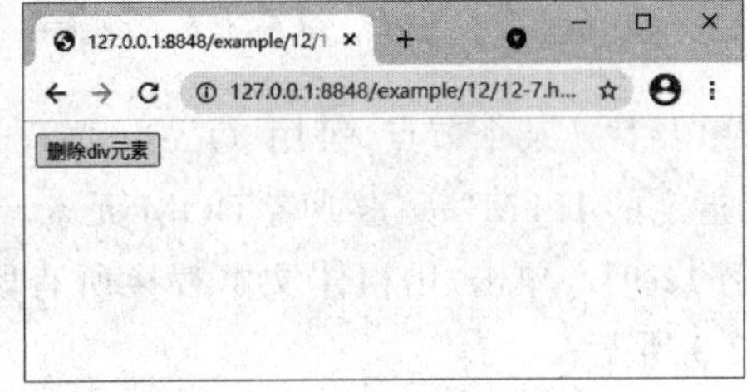

图 12-7　删除节点前后的效果

12.6　复制节点

复制节点也是常用的 DOM 操作之一。继续沿用之前的例子，如果单击<li>元素后需要再复制一个<li>元素，可以使用 clone()方法来完成。

【例 12-8】　单击列表项，复制当前的节点。

参考代码：

```
<!DOCTYPE html>
<html>
    <head><meta charset="utf-8"><title></title></head>
    <body>
        <ul>
            <li>List item 1</li>
            <li>List item 2</li>
        </ul>
        <script src="js/jQuery-3.6.0.js"></script>
        <script type="text/javascript">
            $("ul li").click(function(){
                //复制当前单击的节点,并将它追加到<ul>元素
                $(this).clone().appendTo("ul");
            });
        </script>
```

```
    </body>
</html>
```

注意：追加的元素节点没有添加鼠标事件，因此没有复制功能。

单击列表项复制节点前后的效果如图 12-8 所示。

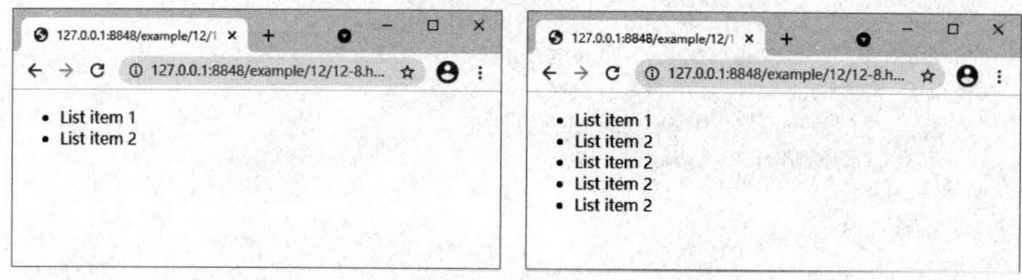

图 12-8　单击列表项复制节点前后的效果

12.7 替换节点

如果要替换某个节点，可用 jQuery 的 replaceWith()方法，实现将所有匹配的元素都替换成指定的 HTML 元素或者 DOM 元素。

【例 12-9】 单击“用粗体文本替换所有段落”按钮，将使用粗体文本替换所有段落，如图 12-9 所示。

参考代码：

```
<!DOCTYPE html>
<html>
    <head><meta charset="utf-8"><title></title></head>
    <body>
        <p>This is a paragraph.</p>
        <p>This is another paragraph.</p>
        <button class="btn1">用粗体文本替换所有段落</button>
        <script src="js/jQuery-3.6.0.js"></script>
        <script type="text/javascript">
            $(".btn1").click(function(){
                $("p").replaceWith("<b>Hello world!</b>");
            });
        </script>
    </body>
</html>
```

图 12-9　替换节点前后的运行效果

12.8　DOM 操作案例

【例 12-10】 在 HTML 中添加 jQuery 代码,实现新增和删除学生信息的功能。学生信息录入界面如图 12-10 所示。单击“全选”复选框,可根据全选状态,同步调整记录中其余复选框的状态。若全选,则可删除全部记录。

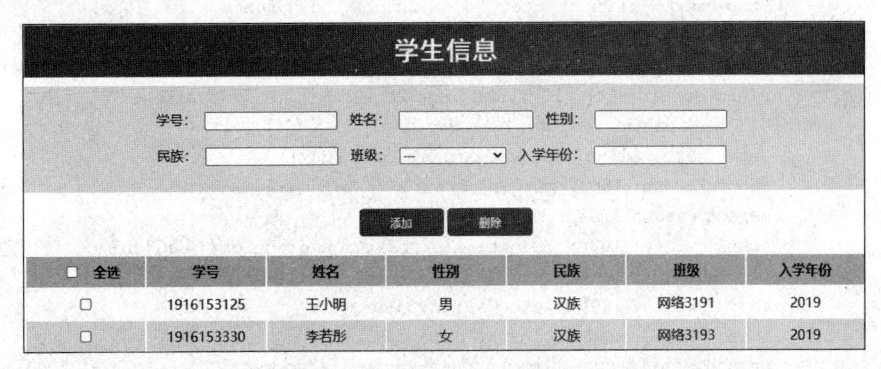

图 12-10　学生信息录入界面

分析:

(1) 添加记录。首先通过 val()方法获取表单控件值,然后通过工厂方法 $()创建< tr >元素节点,通过 html()方法添加< tr >元素的子节点,最后通过 append()方法把新增的子节点追加到< body >元素中。

```
//获取表单值
var $userId = $("#userId").val();
//创建 tr 元素节点
var $tr = $("<tr></tr>");
//添加 tr 元素节点的子节点
$tr.html("<td>...</td>")
//把 tr 添加到 tbody 中
$("tbody").append($tr);
```

(2) 全选/全不选。单击“全选”复选框触发 change 事件。在 change 事件中,调用 prop()方法,把“全选”复选框的 checked 属性值赋值给< td >中复选框的 checked 属性,从而实现全选/全不选功能。

```
$("th input").change(function() {
    $("td input[type='checkbox']").prop("checked", this.checked);
})
```

(3) 删除记录。先综合使用后代选择器、属性选择器、表单过滤选择器筛选被选中复选框,然后获取其父节点< td >的父节点< tr >,最后通过 remove()方法移除被选元素,包括所有的文本和子节点。

```
if ($("td input[type='checkbox']:checked")) {
    $("td input[type='checkbox']:checked").parent().parent().remove();
}
```

参考代码：

```
<!DOCTYPE html>
<html>
    <head>
        <meta charset = "utf - 8"><title></title>
        <style type = "text/css">
            #main {width: 1000px;height: 600px;margin: 0 auto;}
            .top {text - align: center;font - weight: bold;font - size: 30px;
                font - family: '黑体';
            height: 60px;line - height: 60px;background - color: #007cb7;color: #fff;}
            .info{margin - top: 10px;padding: 20px;text - align: center;
                background - color: #ececec;}
            .nav{ text - align: center;margin - top: 20px;}
            input {width: 150px;margin: 10px;}
            select {width: 125px;margin: 10px;}
            .btn1 {width: 100px;height: 32px;background - color: #007cb7;
                border: 0px; border - radius: 5px;color: #fff;border: 0px;}
            th,td {width: 140px;text - align: center;}
            thead {background - color: #cecece;}
            tr:nth - child(even) {background - color: #ececec;}
            .s1 {width: 40px;}
        </style>
    </head>
    <body>
        <div id = "main">
            <div class = "top">学生信息</div>
            <div class = "info">
                学号:<input id = "userId" />
                姓名:<input id = "userName" />
                性别:<input id = "sex" /><br />
                民族:<input id = "nation" />
                班级:<select id = "grade">
                        <option value = "">---</option>
                        <option value = "网络 3191">网络 3191</option>
                        <option value = "网络 3192">网络 3192</option>
                        <option value = "网络 3193">网络 3193</option>
                    </select>
                入学年份:<input type = "text" id = "year" />
            </div>
            <div class = "nav">
                <button type = "button" class = "btn1" id = "add">添加</button>
                <button type = "button" class = "btn1" id = "del">删除</button>
            </div>
            <div style = "margin - top: 20px;">
                <table>
                    <thead>
                        <tr>
                    <th><input type = "checkbox" id = "selectAll" class = "s1"/>全选</th>
                            <th>学号</th>
                            <th>姓名</th>
                            <th>性别</th>
                            <th>民族</th>
```

```
                <th>班级</th>
                <th>入学年份</th>
            </tr>
        </thead>
        <tbody>
            <tr>
                <td><input type="checkbox" class="s1"></td>
                <td>1916153125</td>
                <td>王小明</td>
                <td>男</td>
                <td>汉族</td>
                <td>网络 3191</td>
                <td>2019</td>
            </tr>
            <tr>
                <td><input type="checkbox" class="s1"></td>
                <td>1916153330</td>
                <td>李若彤</td>
                <td>女</td>
                <td>汉族</td>
                <td>网络 3193</td>
                <td>2019</td>
            </tr>
        </tbody>
    </table>
  </div>
</div>
</body>
<script src="js/jQuery-3.6.0.js"></script>
<script type="text/javascript">
    //添加记录
    $("#add").click(function() {
        //获取表单值
        var $userId = $("#userId").val();
        var $userName = $("#userName").val();
        var $sex = $("#sex").val();
        var $nation = $("#nation").val();
        var $grade = $("#grade").val();
        var $year = $("#year").val();
        //创建 tr 元素节点
        var $tr = $("<tr></tr>");
        //添加 tr 元素节点的子节点
        $tr.html("<td><input type='checkbox' id='s1'/></td><td>" +
            $userId + "</td><td>" + $userName + "</td><td>" + $sex +
            "</td><td>" + $nation + "</td><td>" + $grade +
            "</td><td>" + $year + "</td>")
        //把 tr 添加到 tbody 中
        $("tbody").append($tr);
    })
    //全选/全不选
    $("th input").change(function() {
        $("td input[type='checkbox']").prop("checked", this.checked);
    })
```

```
        //删除
        $("#del").click(function() {
            if ($("td input[type = 'checkbox']:checked")) {
                $("td input[type = 'checkbox']:checked").parent().parent().remove();
            }
        })
    </script>
</html>
```

本章小结

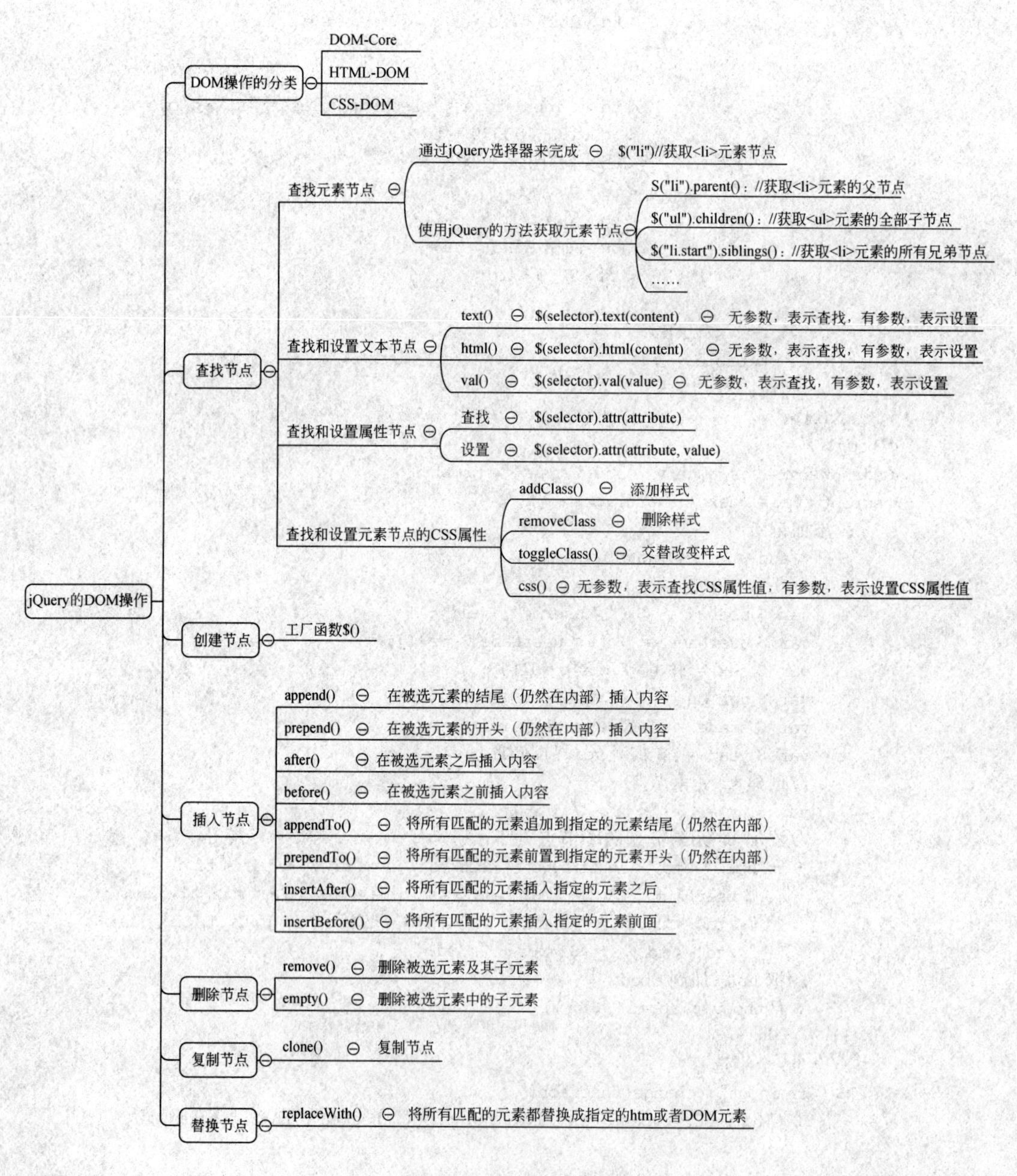

练 习 12

(1) (　　)可用来追加内容到指定元素的末尾。

A. insertAfter()　　B. append()　　C. appendTo()　　D. after()

(2) 如果想在被选元素之后插入 HTML,(　　)可以实现该功能。

A. append(content)　　B. appendTo(content)

C. insertAfter(content)　　D. after(content)

(3) 在 jQuey 中,若要从 DOM 中删除所有匹配的元素,(　　)是正确的。

A. delete()　　B. empty()

C. remove()　　D. removeAll()

(4) 在 jQuery 中,若想给指定的元素添加样式,(　　)是正确的。

A. first　　B. eq(1)

C. css(name)　　D. css(name,value)

(5) (　　)能够动态改变层中的提示内容。

A. 利用 html()方法　　B. 利用层的 id 属性

C. 使用 onblur 事件　　D. 使用 display 属性

(6) jQuery html()方法适用于 HTML 和 XML 文档,这句话(　　)。

A. 错误　　B. 正确

(7) (　　)jQuery 方法用于添加或删除被选元素的一个或多个类。

A. toggleClass()　　B. switchClass()

C. altClass()　　D. switch()

第 13 章　jQuery 事件

页面对访问者的响应称为事件。事件处理程序是指当用户和浏览器操作页面时触发事件处理的方法。当文档或者其他某些元素发生变化或操作时，浏览器会自动响应一个事件。例如当用户单击某个按钮时，将触发 click 事件。jQuery 事件处理方法是 jQuery 的核心方法。虽然利用传统的 JavaScript 事件可以完成这些交互，但 jQuery 增加并扩展了基本处理机制。

jQuery 事件是对 JavaScript 事件的封装，常用事件和事件的方法如表 13-1 所示。

表 13-1　jQuery 常用事件

窗口事件	鼠标事件	键盘事件	表单事件
scroll resize …	click mouseover …	keypress keydown keyup …	submit change focus …

13.1　鼠标事件

用户在文档上移动或单击鼠标时产生的事件，常用的鼠标事件/方法如下。

(1) click()：单击鼠标时，将触发或将函数绑定到指定元素的事件。

(2) mouseover()：鼠标指针位于元素上方时，将触发或将函数绑定到指定元素的事件。

(3) mouseout()：鼠标指针离开元素或进入子元素时，将触发或将函数绑定到指定元素的事件。

(4) mouseenter()：当鼠标指针移到元素边界时，将触发 mouselEnter 事件。

(5) mouseleave()：当鼠标指针离开元素时触发 mouseleave 事件，也可以设置当发生 mouseleave 事件时运行的函数。

(6) hover()：模拟光标悬停事件，属于复合事件。当鼠标指针移到元素上，触发 mouseover 事件；移出元素时，触发 mouseout 事件。

注意：

(1) mouseover 与 mouseenter 事件是不同的。无论鼠标指针穿过被选元素或其子元素，都会触发 mouseover 事件。而当鼠标指针穿过被选元素时，才会触发 mouseenter 事件。

(2) mouseout 与 mouseleave 事件也不同。无论鼠标指针离开任何被选元素的子元素，mouseout 事件都会被触发。而当鼠标指针离开被选元素时，才会触发 mouseleave 事件。

13.2 键盘事件

用户每次按下或者释放键盘上的键时都会产生键盘事件，常用键盘事件如下。

(1) keydown()：按下键盘时，触发或将函数绑定到指定元素的 keydown 事件。

(2) keyup()：释放按键时，触发或将函数绑定到指定元素的 keyup 事件。

(3) keypress()：产生可打印字符时，触发或将函数绑定到指定元素的 keypress 事件。

【例 13-1】 当按键时，显示键盘事件触发的顺序，按 Enter 键时，则弹出确认信息框，如图 13-1 所示。

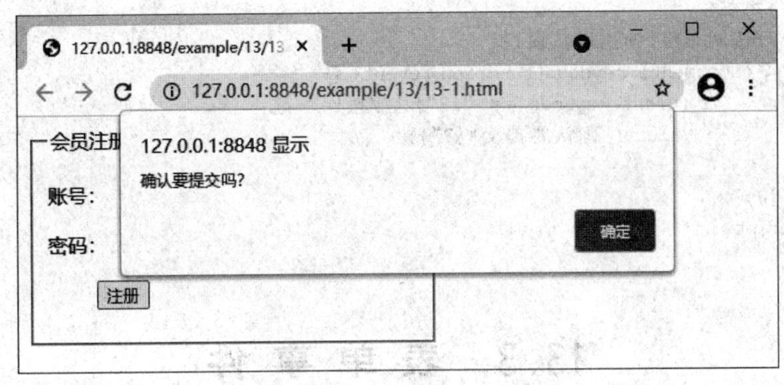

图 13-1 键盘事件

参考代码：

```
<!DOCTYPE html>
<html>
    <head>
        <meta charset="utf-8"><title></title>
        <style type="text/css">
            fieldset {width: 300px;}
            dt,dd{display: inline;}
        </style>
    </head>
    <body>
        <fieldset>
            <legend>会员注册</legend>
            <dl>
                <dt>账号:</dt>
                <dd><input id="userName" type="text" /></dd>
            </dl>
            <dl>
                <dt>密码:</dt>
                <dd><input id="password" type="password" /></dd>
            </dl>
            <dl>
                <dt></dt>
```

```
                <dd><input type="submit" value="注册" /></dd>
            </dl>
            <span id="events"></span>
        </fieldset>
    </body>
    <script src="js/jQuery - 3.6.0.js"></script>
    <script type="text/javascript">
        //在文本框输入值时,显示键盘事件触发的顺序
        $("[type=text]").keyup(function () {
            $("#events").append(" keyup");
        }).keydown(function (e) {
            $("#events").append(" keydown");
        }).keypress(function () {
            $("#events").append(" keypress");
        });
        //按回车键,弹出确认窗口
        $(document).keydown(function (event) {
            if (event.keyCode == "13") {//按回车键
                alert("确认要提交吗?");
            }
        });
    </script>
</html>
```

13.3 表单事件

当表单元素获得焦点时,会触发 focus 事件,失去焦点时,会触发 blur 事件。

【例 13-2】 当 input 控件得到焦点时,背景色显示为＃fbe7e3。失去焦点时,恢复原状,如图 13-2 所示。

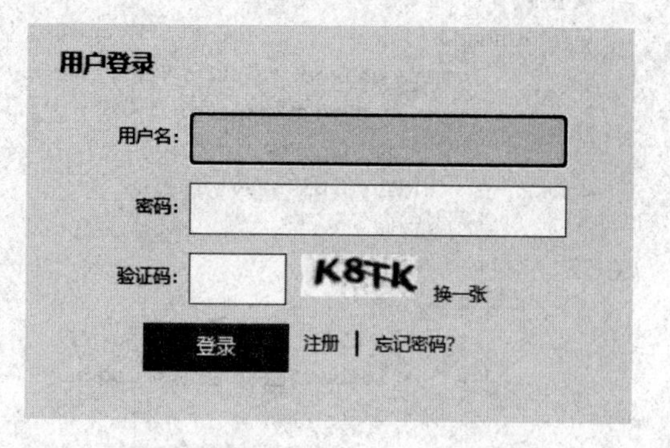

图 13-2 文本框失去焦点、得到焦点的效果

参考代码:

```
<!DOCTYPE html>
<html>
    <head>
        <meta charset="utf-8"><title></title>
```

```
        <style type="text/css">
        #login{width: 400px;height: 250px;background-color: #f2f2f2;padding: 5px;}
        #login fieldset {border: 0px;margin-top: 10px;}
        #login fieldset legend{font-weight: bold;}
        #login fieldset p{display: block;height: 30px;}
        #login fieldset p label {display: block;float:left;text-align: right;
            font-size: 12px; width: 90px;height: 30px;line-height: 30px;}
        #login fieldset p input {display: block; float:left; border: 1px solid #999;
        width: 250px;height: 30px; line-height: 30px; }
        #login fieldset p input.code{width: 60px;}
        #login fieldset p img{margin-left: 10px; }
        #login fieldset p a{color: #057BD2; font-size: 12px; text-decoration: none;
            margin: 10px;}
        #login fieldset p input.btn{border: 0px; background-color: #ff5500; width:
            98px; height: 32px; margin-left: 60px; color: #ffffff; }
        .input_focus{background-color: #fbe7e3;}
        </style>
    </head>
    <body>
        <div id="login">
          <fieldset>
            <legend>用户登录</legend>
            <p><label>用户名:</label><input name="member" type="text" /></p>
            <p><label>密码:</label><input name="password" type="text" /></p>
            <p><label>验证码:</label><input name="code" type="text" class="code" />
            <img src="image/code.gif" width="80" height="30" /><a href="#">换一张</a>
            </p>
            <p><input type="button" class="btn" value="登录" />
            <a href="#">注册</a><span>|</span><a href="#">忘记密码?</a></p>
          </fieldset>
        </div>
    </body>
    <script src="js/jQuery-3.6.0.js"></script>
    <script type="text/javascript">
        $("[type='text']").focus(function(){
            $(this).addClass("input_focus");
        });
        $("[type='text']").blur(function(){
            $(this).removeClass("input_focus");
        });
    </script>
</html>
```

13.4 绑定事件

除了使用事件名绑定事件外,在文档加载完成后,还可以使用 bind()方法来对匹配元素进行特定事件的绑定,bind()方法可以同时为多个事件绑定方法。语法格式如下。

```
$(selector).bind(event,data,function)
```

bind()方法有 3 个参数，具体说明如下。

event 参数是事件名称，包括 blur、focus、load、resize、scroll、unload、click、dblclick、mousedown、mouseup、mouseover、mouseout、mouseenter、mouseleave、change、select、submit、keydown、keypress、keyup 和 error 等，当然也可以是自定义名称。

data 参数为可选参数，作为 event.data 属性值传递给事件对象的额外数据对象。

function 参数是绑定的处理函数。

【例 13-3】 假设网页中有一个 FAQ，单击标题将显示内容，如图 13-3 所示。

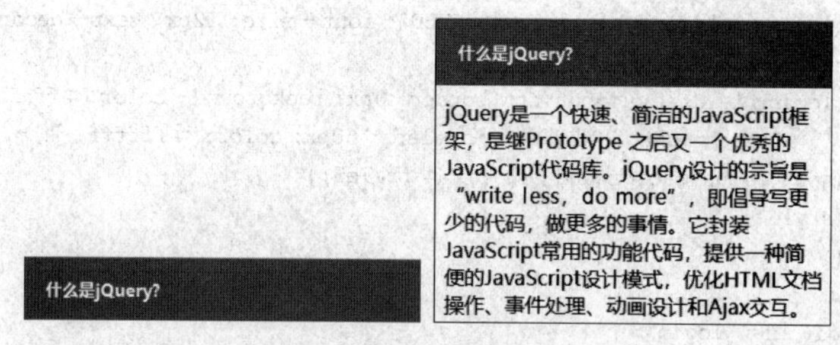

图 13-3 FAQ 折叠/展开效果

分析：

按照需求，需要完成以下几个步骤。

(1) 等待 DOM 装载完毕。

(2) 找到"标题"所在的元素，绑定 click 事件。

(3) 找到"内容"元素，将"内容"元素显示。

参考代码：

```
<!DOCTYPE html>
<html>
    <head>
        <meta charset="utf-8"><title></title>
        <style type="text/css">
            *{margin: 0px;padding: 0px;}
            #panel{width:320px;border: 1px solid #dedede;}
            h5{width:300px;height: 50px;line-height: 50px;padding-left: 20px;
                background-color: #1aa034;color: #fff}
            .content{width:300px;padding:10px;border: 0px;display: none;}
        </style>
    </head>
    <body>
        <div id="panel">
            <h5>什么是 jQuery ?</h5>
            <div class="content">
                jQuery 是一个快速、简洁的 JavaScript 框架...
            </div>
        </div>
```

```
    </body>
    <script src="js/jQuery-3.6.0.js"></script>
    <script type="text/javascript">
        $(function(){
            $("#panel h5").bind("click",function(){
                $(this).next("div.content").show();
            })
        })
    </script>
</html>
```

以上 jQuery 代码中有一个关键字 this,这与在 JavaScript 中的作用一样。this 引用的是携带相应行为的 DOM 元素。为了使该 DOM 元素能够使用 jQuery 中的方法,可以使用 $(this)将其转换为 jQuery 对象。

【例 13-4】 在例 13-3 中,单击"标题"显示出"内容";再次单击"标题","内容"并没有任何反应。现在需要将代码进行优化:第二次单击"标题","内容"隐藏;再次单击"标题","内容"又显示,两个动作循环出现。

分析:

实现动作循环过程,可以用 if 语句判断实现。

```
if(内容显示){
        内容隐藏
}else{
        内容显示
}
```

代码如下:

```
$("#panel h5").bind("click",function(){
    var $content = $(this).next("div.content");
    if($content.is(":visible")){           //"内容显示"
        $content.hide();
    } else{
        $content.show();
    }
})
```

在上面的例子中,给元素绑定的事件类型是 click,当用户单击的时候会触发绑定的事件,然后执行事件的函数代码。现在改变绑定事件类型,把事件类型换成 mouseover 和 mouseout,即当光标滑过时就触发事件。

参考代码:

```
$("#panel h5").bind("mouseover",function(){
    $(this).next("div.content").show();
});
$("#panel h5").bind("mouseout",function(){
    $(this).next("div.content").hide();
})
```

13.5 复合事件

jQuery 有一个复合事件 hover()方法，相当于 mouseover 与 mouseout 事件的组合。将例 13-4 的代码进行精简：

```
$("#panel h5").hover(function(){
    $(this).next("div.content").show();
},function(){
    $(this).next("div.content").hide();
});
```

代码运行后的效果与例 13-4 代码运行后的效果是一样的。当光标滑过“标题”时，相应的“内容”将被显示；当光标滑出“标题”后，相应的“内容”则被隐藏。

13.6 移除事件

移除事件使用 unbind()方法，其语法格式如下。

```
unbind([event],[fn])
```

event 表示事件，主要包括 blur、focus、click、mouseout 等基础事件，此外还可以是自定义事件。

fn 是绑定的处理函数。

当 unbind()不带参数时，表示移除所绑定的全部事件。

【例 13-5】 初始段落具有单击段落文字可以令本段落消失的功能。用户单击“解除 P 元素的事件”按钮，可以解除 P 元素的绑定事件，单击段落文字后，本段落仍然存在。

参考代码：

```
<!DOCTYPE html>
<html>
    <head>
        <meta charset="utf-8"><title></title>
        <script src="js/jQuery-3.6.0.js"></script>
        <script type="text/javascript">
        $(document).ready(function(){
            $("p").click(function(){
                $(this).slideToggle();
            });
            $("button").click(function(){
                $("p").unbind();
            });
        });
        </script>
    </head>
    <body>
        <p>这是第一个段落。单击任何段落,可以令本段落消失。</p>
```

```
        <p>这是第二个段落。</p>
        <p>这是第三个段落。</p>
        <button>解除 P 元素的事件</button>
    </body>
</html>
```

本 章 小 结

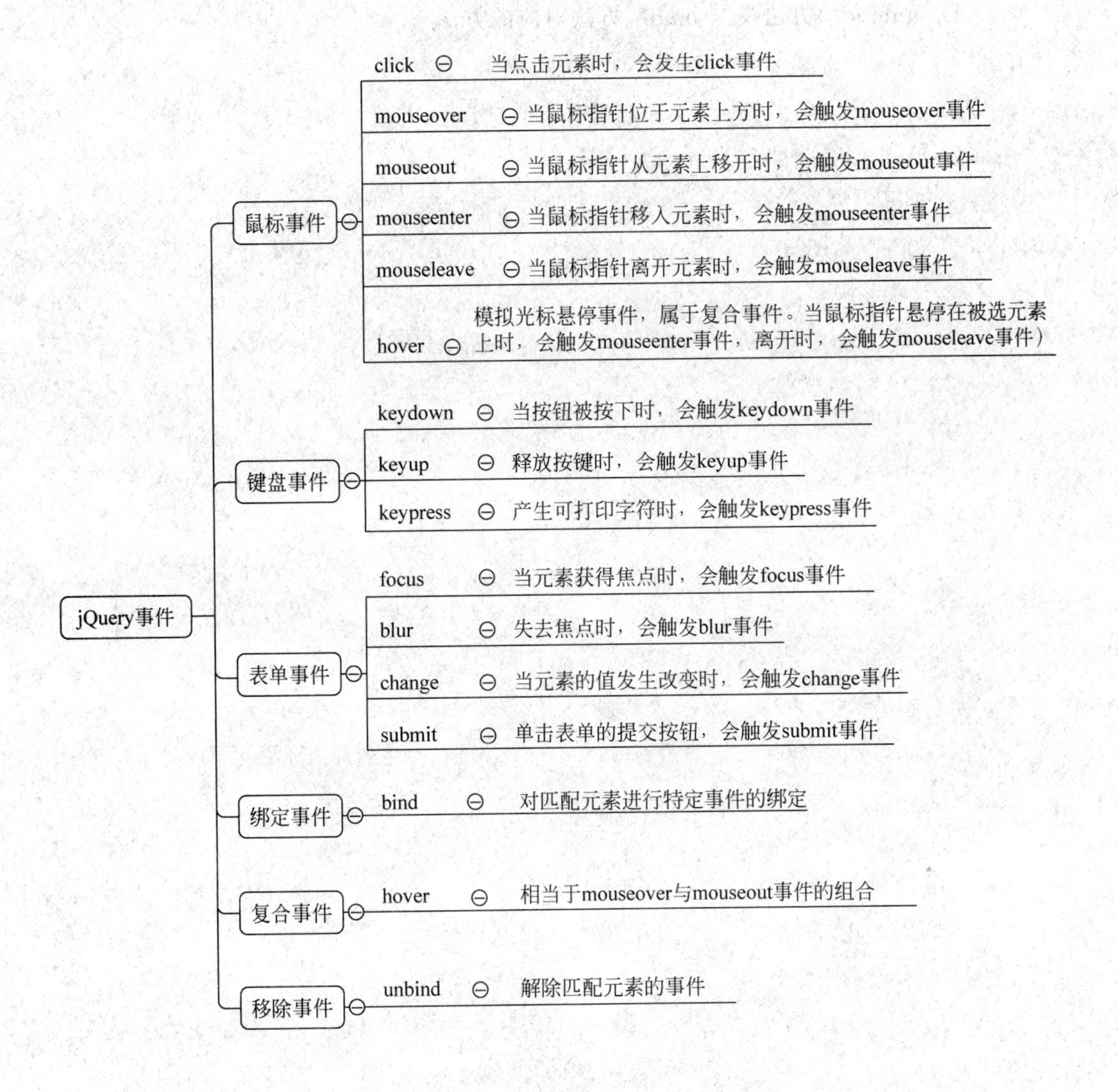

练　习　13

(1) 在 jQuery 中，属于鼠标事件方法的选项是(　　)。

A. onclick()　　B. mouseover()　　C. onmouseout()　　D. blur()

(2) 下列选项中,不属于键盘事件的是(　　)。

A. keydown()　　B. keyup()　　C. keypress()　　D. ready()

(3) 下列关于 bind()方法与 unbind()方法的说法,不正确的是(　　)。

A. bind()方法可用来移除单个或多个事件

B. unbind()方法可以移除所有的或被选的事件处理程序

C. 使用 bind()方法可绑定单个或多个事件

D. unbind()方法是与 bind()方法对应的方法

第 14 章　jQuery 效果

jQuery 提供了很多动画效果，如控制元素显示与隐藏、控制元素淡入淡出、改变元素高度等。常用的动画方法如下。

show()、hide()：同时修改多个样式属性，即高度、宽度和不透明度。

fadeIn()、fadeOut()：只改变不透明度。

slideUp()、slideDown()：只改变高度。

fadeTo()：只改变不透明度。

toggle()：代替 show()和 hide()，同时也可修改多个样式属性，即高度、宽度和不透明度。

slideToggle()：用来代替 slideUp()方法和 slideDown()方法，所以只能改变高度。

animate()：属于自定义动画的方法。以上各种动画方法实质内部都调用 animate()方法。直接使用 animate()方法，还能自定义其他样式属性，如 left、marginLeft、scrollTop 等。

14.1　显示及隐藏元素

show()方法和 hide()方法是 jQuery 中最基本的动画方法。在 HTML 文档里，为一个元素调用 hide()方法，会将该元素的 display 样式改为 none。

例如，使用如下代码隐藏 element 元素。

```
$ ("element").hide();                    //通过 hide()方法隐藏元素
```

这段代码的功能与 css()方法设置 display 属性的效果相同。

```
element.css("display", "none");          //通过 css()方法隐藏元素
```

当把元素隐藏后，可以使用 show()方法将元素的 display 样式设置为先前的显示状态(block、inline，或其他除了 none 之外的值)。jQuery 代码如下。

```
$ ("element").show();
```

【例 14-1】 单击按钮，可以展开/折叠菜单，如图 14-1 所示。

参考代码：

```
<! DOCTYPE html >
< html >
    < head >
        < meta charset = "utf - 8">< title ></title >
        < style type = "text/css">
            * {margin:0px;padding:0px}
```

```
            #menu{width: 200px;margin:20px}
            #menu li{list-style:none; line-height: 30px;
                border-bottom:1px dotted #dedede; }
        </style>
        <script src="js/jQuery-3.6.0.js"></script>
        <script type="text/javascript">
            $(document).ready(function() {
                $("#closeItem").click(function(){
                    $("ul").hide();
                });
                $("#openItem").click(function(){
                    $("ul").show();
                });
            });
        </script>
    </head>
    <body>
        <div id="menu">
            <input id="openItem" type="button" value="展开菜单项" />
            <input id="closeItem" type="button" value="关闭菜单项" />
            <ul>
                <li>家用电器</li>
                <li>手机/运营商/数码</li>
                <li>计算机/办公</li>
                <li>家居/家具/家装/厨具</li>
                <li>男装/女装/童装/内衣</li>
            </ul>
        </div>
    </body>
</html>
```

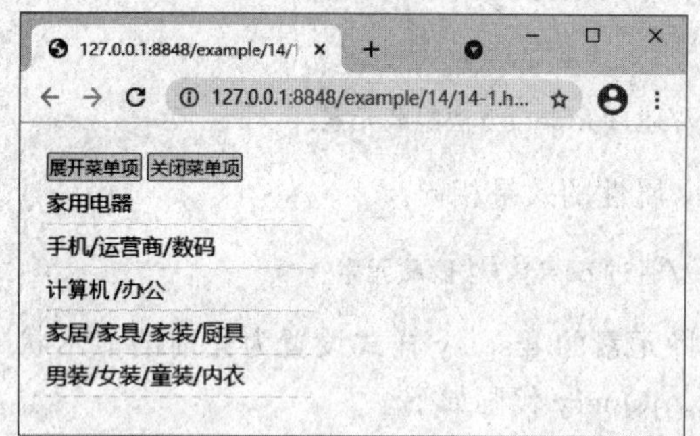

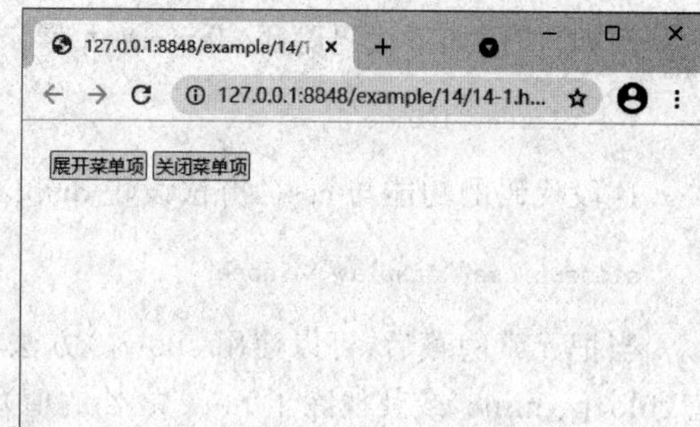

图 14-1　单击按钮展开/折叠菜单项效果

14.2　切换元素可见状态

toggle()方法在被选元素上进行 show()和 hide()之间的切换。该方法自动检查被选元素的可见状态，如果元素是隐藏的，则运行 show()，如果元素是可见的，则运行 hide()，造成一种切换的效果。

【例 14-2】 可伸缩的菜单，单击目录，可显示或隐藏子菜单，如图 14-2 所示。

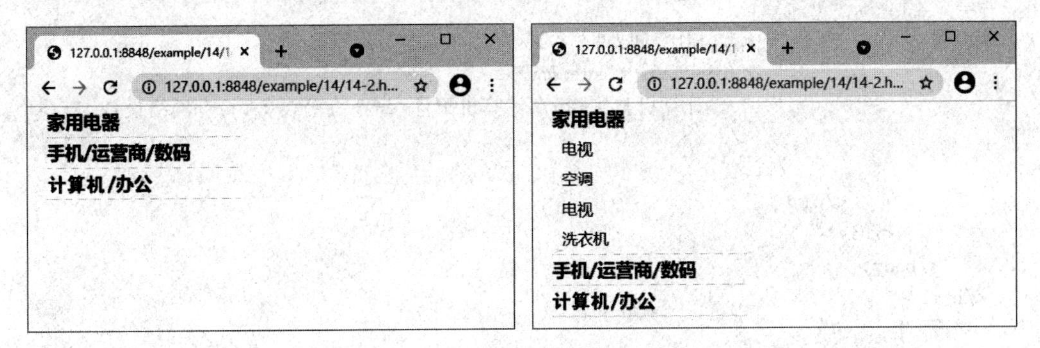

图 14-2　可伸缩菜单的运行效果

参考代码：

```
<!DOCTYPE html>
<html>
    <head>
        <meta charset="utf-8"><title></title>
        <style type="text/css">
            *{margin: 0px;padding:0px;}
            #menu{width: 200px;padding-left: 20px;}
            #menu li{list-style:none;line-height:30px;
            border-bottom:1px dotted #dedede;}
            .submenu{display:none;padding-left:10px;}
        </style>
        <script src="js/jQuery-3.6.0.js"></script>
        <script type="text/javascript">
            $(document).ready(function() {
                $("h3").click(function(){
                    $(this).next(".submenu").toggle();
                });
            });
        </script>
    </head>
    <body>
        <div id="menu">
            <ul>
                <li>
                    <h3>家用电器</h3>
                    <div class="submenu">
                        电视<br/>空调<br/>电视<br/>洗衣机<br/>
                    </div>
                </li>
                <li>
                    <h3>手机/运营商/数码</h3>
                    <div class="submenu">
                        手机通信<br/>手机配件<br/>摄影摄像<br/>数码配件<br/>
                    </div>
```

```
                </li>
                <li>
                    <h3>计算机/办公</h3>
                    <div class="submenu">
                        计算机整机<br/>计算机配件<br/>办公设备<br/>网络设备<br/>
                    </div>
                </li>
            </ul>
        </div>
    </body>
</html>
```

14.3 淡入淡出效果

fadeIn()和 fadeOut()可以通过改变元素的透明度实现淡入淡出效果。fadeOut()方法是指在一段时间内降低元素的不透明度,直到元素完全消失("display: none")。fadeIn()方法则相反。

【例 14-3】 光标经过标题时,显示内容淡入,光标移出标题时,显示内容淡出,如图 14-3 所示。

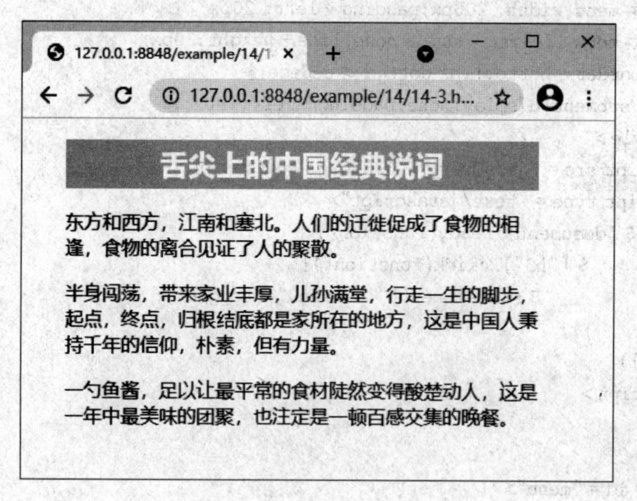

图 14-3 光标经过标题时显示内容淡入效果

参考代码:

```
<!DOCTYPE html>
<html>
    <head>
        <meta charset="utf-8"><title></title>
        <style type="text/css">
            #box{width:400px;padding:10px;}
            h2{background-color: #ffce00; color: white; margin: 0px;
                text-align: center; height: 40px; line-height: 40px;}
```

```
            .txt{display: none;}
        </style>
        <script src="js/jQuery-3.6.0.js"></script>
        <script type="text/javascript">
            $(document).ready(function() {
                $("#box").mouseenter(function(){
                    $(".txt").fadeIn(1000);
                });
                $("#box").mouseleave(function(){
                    $(".txt").fadeOut(1000);
                });
            });
        </script>
    </head>
    <body>
        <div id="box">
            <h2>舌尖上的中国经典说词</h2>
            <div class="txt">
<p>东方和西方,江南和塞北。人们的迁徙促成了食物的相逢,食物的离合见证了人的聚散。</p>
<p>半身闯荡,带来家业丰厚,儿孙满堂,行走一生的脚步,起点,终点,归根结底都是家所在的地方,这是中国人秉持千年的信仰,朴素,但有力量。</p><p>一勺鱼酱,足以让最平常的食材陡然变得酸楚动人,这是一年中最美味的团聚,也注定是一顿百感交集的晚餐。</p>
            </div>
        </div>
    </body>
</html>
```

14.4　改变元素的高度

slideUp()方法和 slideDown()方法只会改变元素的高度。如果一个元素的 display 属性值为 none,当调用 slideDown()方法时,这个元素将由上至下延伸显示。slideUp()方法正好相反,元素将由下至上缩短隐藏。使用 slideUp()方法和 slideDown()方法再次对“内容”的显示和隐藏方式进行改变。

【例 14-4】 顶部下滑下拉广告效果。当页面刷新时,顶部下拉的广告向下滑 2 秒,中间停留 3 秒后,向上移 2 秒消失,如图 14-4 所示。

参考代码:

```
<!DOCTYPE html>
<html>
    <head>
        <meta charset="utf-8"><title></title>
        <style type="text/css">
         *{padding: 0px;margin: 0px;}
        .adbox{width:1200px;height:80px;margin: 0 auto;display:none;}
        .menubox{width:100%,height:50px;background: #000;}
        .menu{width:1200px;height: 50px;background: #000;line-height: 50px;
```

```
        font - size: 14px;font - weight: 700;color: #fff;margin: 0 auto;padding - left: 80px;}
    /* 关键点,保证页面滚动条状态不变,始终有,或者始终没有 */
    .con{width:1200px;height: 900px;background: #f0f0f8;margin: 0 auto;}
    </style>
    <script type = "text/JavaScript" src = "js/jQuery - 3.6.0.js"></script>
    <script type = "text/javascript">
        $ (document).ready(function(){
            // 广告向下拉 2 秒,中间停留 3 秒,最后向上移 2 秒消失
                $ (".adbox").slideDown(2000).delay(3000).slideUp(2000);
        })
    </script>
  </head>
  <body>
    <div class = "adbox">
        <img src = "images/ad.jpg">
    </div>
    <div class = "menubox">
        <div class = "menu">生鲜首页</div>
    </div>
    <div class = "con"></div>
  </body>
</html>
```

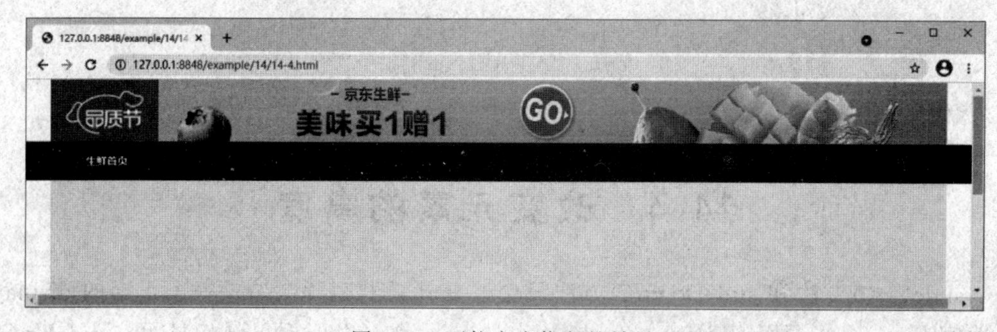

图 14-4　下拉广告停留的效果

【例 14-5】 当光标移到菜单项上时,显示对应的子菜单,当光标离开时,下拉子菜单又会收回去,如图 14-5 所示。

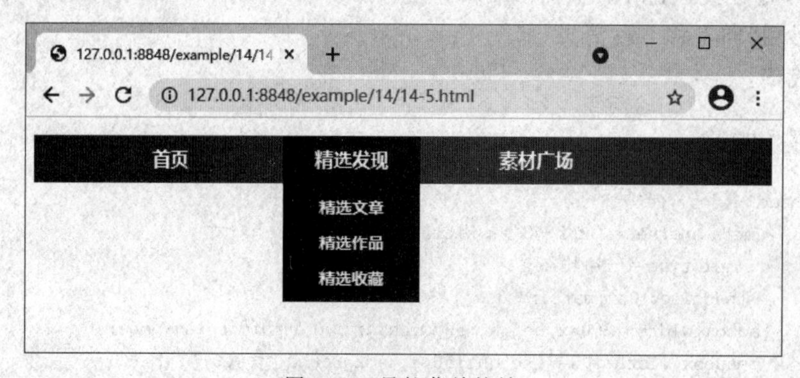

图 14-5　导航菜单特效

参考代码：

```
<!DOCTYPE html>
<html>
    <head>
        <meta charset="utf-8"><title></title>
        <style type="text/css">
            a:link {color: #fff; text-decoration: none; }
            a:visited {color: #fff; text-decoration: none; }
            a:hover {color: #ff0000; text-decoration:none; }
            ul {line-height: 40px; height:40px; background-color:#666666; }
            li {width:120px; font-size: 16px; margin: 0px 20px;
                list-style:none;text-align:center; font-weight:bold;
                color:#fff;float:left;}
            .list {line-height: 30px; text-align: center;padding: 5px; display: none;
                font-size: 14px;color: #fff;background-color: #2f2f2f;}
        </style>
    </head>
    <body>
        <ul>
            <li class="menu2">首页</li>
            <li class="menu2">精选发现
                <div class="list">
                    <a href="#" class="a1">精选文章</a><br />
                    <a href="#" class="a1">精选作品</a><br />
                    <a href="#" class="a1">精选收藏</a><br />
                </div>
            </li>
            <li class="menu2">素材广场
                <div class="list">
                    <a href="#" class="a1">图片</a><br />
                    <a href="#" class="a1">字体</a><br />
                    <a href="#" class="a1">视频</a><br />
                    <a href="#" class="a1">音乐</a><br />
                </div>
            </li>
        </ul>
    </body>
    <script src="js/jQuery-3.6.0.js"></script>
    <script type="text/javascript">
        $(".menu2").mouseenter(function(){
            $(this).css({'backgroundColor':'#2f2f2f','color':"#fff"})
            $(this).children('div').slideDown();
        })
        $(".menu2").mouseleave(function(){
            $(this).css({'backgroundColor':'','color':"#fff"})
            $(this).children('div').slideUp();
        })
    </script>
</html>
```

14.5 自定义动画

许多情况下，上面的动画方法无法满足用户的需求，这就需要用到自定义动画效果。在 jQuery 中，可以使用 animate()方法来定义动画。其语法格式如下。

```
$(selector).animate(styles,speed,easing,callback);
```

参数说明如下。

(1) styles 是必需项，它用于规定产生动画效果的 CSS 样式和值，其语法格式如下。

```
{property1: "value1",...}
```

参数其实是 JSON 字符串。需要注意的是，CSS 样式使用 DOM 名称（如 "fontSize"）来设置，而非 CSS 名称（如 "font-size"），可使用+=或-=来创建相对动画。

(2) speed 是可选项，用于规定动画的速度，默认是 normal。

(3) easing 是可选项，用于规定在不同的动画中设置动画速度的 easing()方法。

(4) callback 是可选项，是 animate()方法执行完之后要执行的方法。

【例 14-6】 自定义简单动画。单击 div，对 div 元素绑定 animate()方法，使 div 在 2 秒内向右移动 800px，如图 14-6 所示。

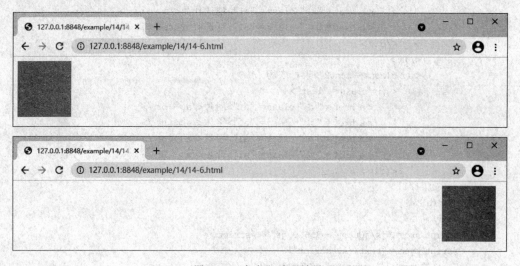

图 14-6 自定义动画效果

参考代码：

```
<!DOCTYPE html>
<html>
    <head>
        <meta charset="utf-8"><title></title>
        <style type="text/css">
```

```
        .main{width: 300px;height:300px;background-color: #ff9900;
            position: absolute;}
        </style>
        <script src="js/jQuery-3.6.0.js"></script>
        <script type="text/javascript">
            $(document).ready(function(){
                $('.main').click(function(){                    //单击事件
                    $('.main').animate({left:'800px'},2000);    //向右移动
                })
            });
        </script>
    </head>
    <body>
        <div class="main"></div>
    </body>
</html>
```

【例 14-7】 当光标移到家居设计图上方，出现信息提示框。移开时，信息框又收回去，如图 14-7 所示。

图 14-7　光标特效

参考代码：

```
<!DOCTYPE html>
<html>
    <head>
        <meta charset="utf-8"><title></title>
        <style type="text/css">
            .jj {width:291px; height:178px; overflow:hidden; position: relative;}
            .jj_pic_nr {width:291px; height:178px; background-color:rgba(0, 0, 0, 0.3);
                top: 178px;left:0px;z-index: 999999999; position: absolute; }
            .jj_pic_text {padding-top: 50px;text-align:center; color:#fff; font-size:22px;}
            .jj_pic_wz {padding-top:20px;text-align:center; color:#fff; font-size:12px; }
        </style>
        <script src="js/jQuery-3.6.0.js"></script>
        <script type="text/javascript">
```

```
            $(document).ready(function() {
                $(".jj").mouseenter(function(){                                    //光标经过
                    $(".jj_pic_nr").animate({top:0},1000);
                });
                $(".jj").mouseleave(function(){                                    //光标离开
                    $(".jj_pic_nr").animate({top:178},1000);
                });
            });
        </script>
    </head>
    <body>
        <div class = "jj">
            <div class = "jj_pic_nr">
                <div class = "jj_pic_text">创维设计</div>
                <div class = "jj_pic_wz">北美风、代简约风、轻奢风、新中式</div>
            </div>
            <img src = "images/j1.jpg" />
        </div>
    </body>
</html>
```

代码分析：

<div class="jj">定义的 div 元素高度以及图片高度都为 178px。初始时，<div class="jj_pic_nr">离顶端距离 top 值正好 178px，因内容超出被隐藏。当光标移到<div class="jj">区域中，在 1 秒内，<div class="jj_pic_nr">的 top 值从 178px 变到 0px，实现从下往上移动的特效。

【例 14-8】 京东生鲜页面，当光标经过图片时，图片会向上移动 5px，标题字体变绿。当光标离开图片时，图片回到初始位置，如图 14-8 所示。

图 14-8 光标特效

分析：

通过 top 值进行+=或-=运算得到值的偏差，来创建相对动画。

参考代码：

```
<!DOCTYPE html>
<html>
```

```
    <head>
        <meta charset="utf-8"><title></title>
        <style type="text/css">
            * {margin: 0px;padding: 0px;}
            .goods_item_top {padding: 12px 20px;height: 150px;position: relative;}
            .goods_item_img {width:150px;height: 150px;top:10px;position:absolute;}
            .goods_item_name {margin-bottom: 10px;line-height: 1.8;height: 50px;
                font-size: 14px;color: #222;text-align: left;overflow: hidden;}
            .goods_item_price {font-size: 18px;color: #ff541f;float: left;}
            .goods_item_good {height: 27px;line-height: 27px;font-size: 12px;
                color: #909090;padding-right: 10px;float: right;}
        </style>
        <script src="js/jQuery-3.6.0.js"></script>
        <script type="text/javascript">
            $(document).ready(function() {
                $('#goods_item').mouseenter(function() {
                    $(this).find('img').animate({'top': '-=5px'}, 'normal');
                    $(this).find('.goods_item_name').css("color","#00c65d");
                });
                $('#goods_item').mouseleave(function() {
                    $(this).find('img').animate({'top': '+=5px'}, 'normal');
                    $(this).find('.goods_item_name').css("color","#222");
                })
            })
        </script>
    </head>
    <body>
        <div id="goods_item" style="float: left; width: 197.5px;">
            <div class="goods_item_top">
                <img class="goods_item_img" src="images/sx.jpg" width="150px"
                    height="150px" />
            </div>
            <div class="goods_item_txt">
                <p class="goods_item_name">
                    沃派 海鲜礼盒海鲜大礼包海鲜伴手礼冷冻 生鲜 4 样
                </p>
                <div class="goods_item_row">
                    <p class="goods_item_price">￥498.00</p>
                    <p class="goods_item_good">好评率 99%</p>
                </div>
            </div>
        </div>
    <!-- 省略重复 HTML 代码 -->
    </body>
</html>
```

14.6 图片左右移动

【例 14-9】 图片左右移动,效果如图 14-9 所示。

图 14-9　图片左右移动效果

分析：

可显示的图片共有 5 张，中间可视的区域显示 3 张，其余默认隐藏。当单击左侧箭头时，图片向左滑动一张，当单击右侧箭头时，图片向右滑动一张。

实现图片左右移动的原理是，使用两个 div 嵌套，外面 div1 控制显示区域的大小，超出部分隐藏，内嵌的 div2，存放 5 张图片。通过 jQuery 语句控制 div2 左右移动。当超出边界时，就不能再移动了。

参考代码：

```
<!DOCTYPE html>
<html>
    <head>
        <meta charset = "utf - 8"><title></title>
        <style type = "text/css">
            .content{width: 1000px;border: 5px solid #8c7666;margin: 50px;
                overflow: hidden;}
            .left{width: 60px;width:50px;height:178px;line - height: 178px;
                font - size: 30px;float:left;}
            .right{width: 60px;width:50px;height:178px;line - height:178px;
                font - size: 30px;float:right;}
            #imgContent{width:900px;height:178px;overflow: hidden;
                position: relative;float:left;}
            #showImages{width: 1455px;position: absolute;left:0px;top:0px;}
            #showImages img{width: 291px;height: 178px;display: block;float: left;}
        </style>
    </head>
    <body>
        <div class = "content">
            <div class = "left"><<</div>
            <div id = "imgContent">
                <div id = "showImages">
                    <img src = "images/j1.jpg">
                    <img src = "images/j2.jpg">
                    <img src = "images/j3.jpg">
                    <img src = "images/j4.jpg">
                    <img src = "images/j5.jpg">
                </div>
            </div>
            <div class = "right">>></div>
        </div>
        <script src = "js/jQuery - 3.6.0.js"></script>
```

```
    <script type="text/javascript">
        //向左移动
        $('.left').bind('click',function(){
            var $L = parseInt($('#showImages').css('left'));
            var $endL = $L - 291;
            if($endL <= 0 && $endL >= -588){
                $endL = $endL + "px";
                $('#showImages').animate({left: $endL},1000);
            }
        });
        //向右移动
        $('.right').bind('click',function(){
            var $L = parseInt($('#showImages').css('left'));
                var $endL = $L + 291;
                if($endL <= 0){
                    $endL = $endL + "px";
                    $('#showImages').animate({left: $endL},1000);
                }
        })
    </script>
  </body>
</html>
```

14.7　表单级联效果

级联效果是指页面上存在具有包含关系的多组下拉框。当逻辑上的父级下拉框某个选项被选中(selected),其包含的列表内容作为子级下拉框中的选项(option)供用户选择。例如,当用户填写快递单子,选择寄出城市时,首先选择省份,然后对应的下拉框中会自动生成动态城市的内容。一旦城市固定,用户仅能选择该城市下的对应县区。

级联实现原理是,当父级列表框中被选中的列表项发生改变时,会触发 onchange 事件,调用 JavaScript 相关方法或函数,通过代码动态地添加子级列表框的列表项。需要注意的是,在添加前,需要用 empty()方法清空上一次的 option 内容。

【例 14-10】 填写快递单时,选择省份、寄出城市实现表单级联效果,如图 14-10 所示。

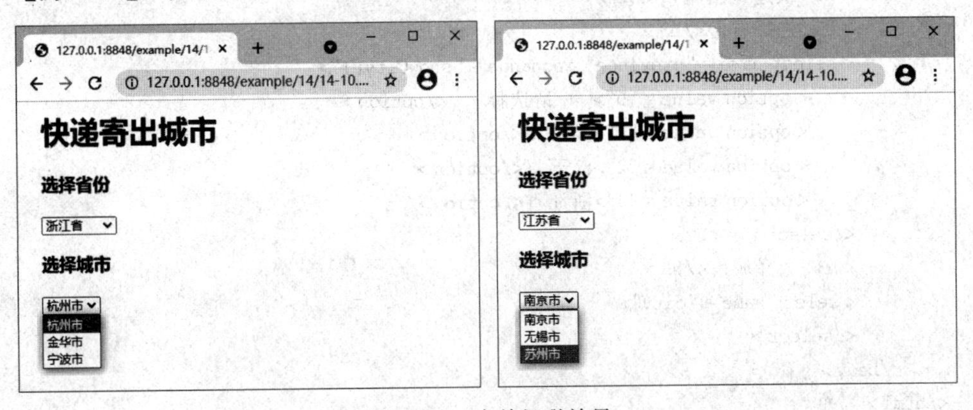

图 14-10　表单级联效果

参考代码：

```
<!DOCTYPE html>
<html>
    <head>
        <meta charset="utf-8"><title></title>
        <script src="js/jQuery-3.6.0.js"></script>
        <script type="text/javascript">
            function showCity(){
                var $province = $('[name="province"]').val(); //获取省份列表框的值
                var $city = $('[name="city"]');              //获取城市列表框元素
                switch($province){                           //判断选择的省份
                    case "1":
                        $city.empty();                       //清空上一次城市列表项的内容
                        //添加对应的城市列表项
                        $city.append('<option value="11">上海市</option>');
                        break;
                    case "2":
                        $city.empty();
                        $city.append('<option value="21">南京市</option>');
                        $city.append('<option value="22">无锡市</option>');
                        $city.append('<option value="23">苏州市</option>')
                        break;
                    case "3":
                        $city.empty();
                        $city.append('<option value="31">杭州市</option>');
                        $city.append('<option value="32">金华市</option>');
                        $city.append('<option value="33">宁波市</option>');
                        break;
                }
            }
        </script>
    </head>
    <body>
        <h1>快递寄出城市</h1>
        <h3>选择省份</h3>
        <select name="province" onchange="showCity()">
            <option value="0">--请选择--</option>
            <option value="1">上海市</option>
            <option value="2">江苏省</option>
            <option value="3">浙江省</option>
        </select>
        <h3>选择城市</h3>
        <select name="city">
        </select>
    </body>
</html>
```

本章小结

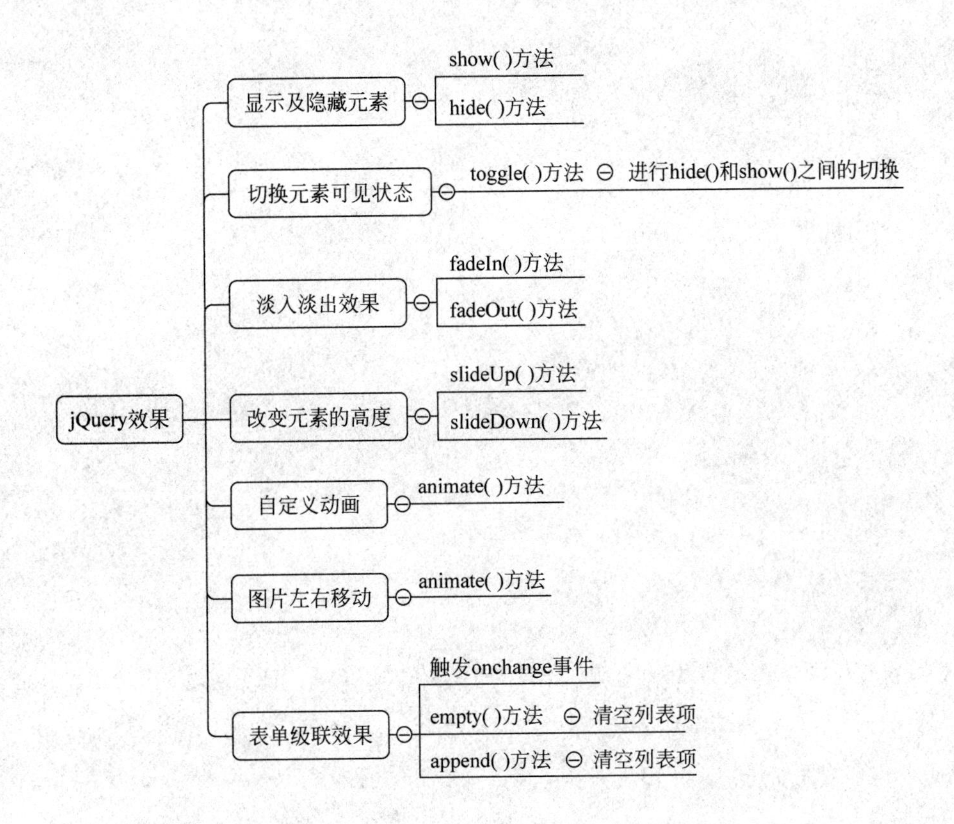

练　习　14

(1) 在 jQuery 中，fadeIn()方法(　　)。

A. 可以改变元素的高度

B. 可以逐渐改变被选元素的不透明度，从隐藏到可见(褪色效果)

C. 可以改变元素的宽度

D. 与之相对的方法是 fadeOn()

(2) 在 jQuery 中，既可以绑定两个或者多个事件处理器函数，以响应被选元素轮流的 click 事件，又可以切换元素可见状态的方法是(　　)。

A. hide()　　B. toggle()　　C. hover()　　D. slideUp()

(3) 隐藏以下元素的方法是(　　)。

```
<input type = "text" id = "id_txt" name = "txt" value = ""/>
```

A. $("id_txt").hide()　　B. $("#id_txt").hide()

C. $("id_txt").remove()　　D. $("#id_txt").remove()

第三篇

数据异步交互

第 15 章　Ajax 技 术

Ajax(asynchronous JavaScript and XML)是一种用于快速创建动态网页的技术，但 Ajax 并非一种新的技术，而是几种原有技术的结合体。Ajax 由下列技术组合而成。

(1) 使用 CSS 和 XHTML 来表示。

(2) 使用 DOM 模型来交互和动态显示。

(3) 使用 XMLHttpRequest 来与服务器进行异步通信。

(4) 使用 JavaScript 来绑定和调用。

传统的网页(不使用 Ajax)如果需要更新内容，必须重载整个网页页面，而 Ajax 可以实现网页异步更新。它的核心是 XMLHttpRequest 对象，在不重载整个网页的情况下，JS 或者 jQuery 可以直接发送 HTTP 请求到服务器，通过在后台与服务器进行少量数据交换，这意味着在不重新加载页面的情况下，Ajax 能对页面内容进行局部更新。其好处是加载内容少、节省带宽。使用 Ajax 的应用程序案例有谷歌地图、腾讯微博、优酷视频、人人网等。

在实际项目开发中，也经常用到 Ajax 技术，如选课系统分页显示、注册时用户唯一性的验证。在代码中，运用 Ajax 技术进行内容的局部刷新，可以大大改善用户体验。

15.1　Ajax 工作原理

Ajax 的工作原理如图 15-1 所示，在用户和服务器之间加了一个中间层(Ajax 引擎)，使用户操作与服务器响应异步化。有些用户请求(如数据验证)，可交给 Ajax 引擎自己来做。当需要从服务器读取新数据时，再由 Ajax 引擎代为向服务器提交请求，这种工作方式大大减轻了服务器和带宽的负担。

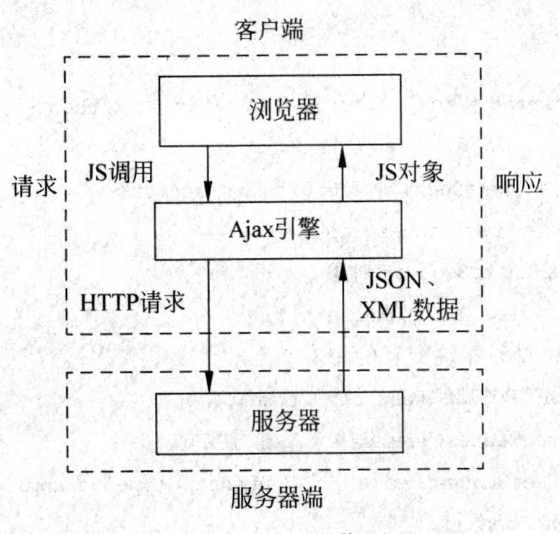

图 15-1　Ajax 工作原理

与传统模式相比，Ajax模式在性能上的最大区别就在于传输数据的方式。在传统模式中，数据提交是通过表单(form)来实现的，数据获取是靠刷新页面来完成的。通过 Ajax，在后台向服务器发送 HTTP 请求。当服务器返回数据时，Ajax 使用 JavaScript 仅修改网页局部内容来实现页面刷新。

使用时，Ajax 不需要任何浏览器插件，只要用户允许 JavaScript 在浏览器上执行即可。Ajax 的最大优点是良好的用户体验，能在不刷新整个页面的前提下更新数据，这使得 Web 应用程序能更为迅速地回应用户的操作。

Ajax 并不是一项非常完美的技术，也存在一些不足，如它会影响浏览器“前进”“后退”按钮的正常功能。JavaScript 是 Ajax 的重要组成部分，目前缺少很好的 JavaScript 开发和调试工具，使很多 Web 开发者对 JavaScript 望而生畏，这对于编写 Ajax 代码就更加困难。另外 Ajax 不能跨域，假设 A 域名下有 A 程序，B 域名下有 B 程序，现在 A 程序要通过 Ajax 访问 B 域名下的 B 程序，这种访问形式浏览器是不允许的。

15.2 Ajax 原生写法

Ajax 的核心是 XMLHttpRequest 对象，它是 Ajax 实现的关键，发送异步请求、接收响应及执行回调都是通过它来完成的。

Ajax 编程的一般步骤如下。

(1) 创建 XMLHttpRequest 对象。

(2) 设置请求方式，包括请求的方式、请求文件的路径、是否异步(默认为 true)。

(3) 发送请求。发送方式有 POST/GET。

(4) 监听状态变化，执行相应的回调函数。

【例 15-1】 Ajax 向服务器发出请求并发送数据，test. php 获取数据进行合成，然后返回给 Ajax 并显示出来。

参考代码：

前端代码(15-1. html)如下。

```
<! DOCTYPE html >
< html >
    < head >< meta charset = "utf - 8">< title ></title ></head >
    < body >
        < script src = "js/jQuery - 3.6.0.js"></script >
        < script type = "text/javascript">
            //创建 XMLHttpRequest 对象
            var xhr = new XMLHttpRequest();
            //设置和服务器端交互的相应参数
            xhr.open("POST","test.php",true);
            //使用 setRequestHeader()来添加 HTTP 头
                xhr. setRequestHeader ( " Content - type"," application/x - www - form -
                urlencoded");
```

```
            //使用 send()方法写要发送手工拼写的数据(出版日期、出版书名)
            xhr.send("pubDate = 2021&bookName = Web");
            //监听事件变化
            xhr.onreadystatechange = function(){
                // readyState 值为 4 表示请求已完成,响应已就绪,HTTP 状态值为 200 表示成功
                if (xhr.readyState == 4 && xhr.status == 200){
                    var result = xhr.responseText;
                    alert(result);
                }else{
                    console.log('失败');
                }
            }
        </script>
    </body>
</html>
```

后端代码(test.php)如下。

```
<?php
  $a= $_POST['pubDate'];
  $b= $_POST['bookName'];
  echo $a."年出版教材".$b;
?>
```

注意：表单把数据发送到服务器之前，首先要对表单数据进行编码。默认的编码方式是 application/x-www-form-urlencoded，提交的数据会按照 key1＝val1&key2＝val2 的方式进行编码。如果表单使用 POST 请求，服务器端可用 PHP 的 $_POST[]函数来获取 key1、key2 值。表单通过 serialize()方法序列化表单值，得到的数据也是这种标准 URL 编码方式。

调试时，需要启动 PHP 服务器（如 Apache、PHPStudy）。本例以 Apache 服务器为例，先安装 xampp 建站集成软件包，假设 xampp 安装到 C:\下，则需要把前端、后端代码都保存到 xampp 安装目录的 htdocs 文件夹中，即 C:\xampp\htdocs 中。文件保存的位置如图 15-2 所示。

› 此电脑 › 本地磁盘 (C:) › xampp › htdocs

名称	修改日期	类型	大小
15-1.html	2021/3/8 ...	HTML 文档	1 KB
test.php	2021/3/8 ...	PHP 文件	1 KB

图 15-2　文件放置位置

运行 xampp，在弹出窗口中启动 Apache 服务器，启动界面如图 15-3 所示。

然后在浏览器的地址栏中输入 http://127.0.0.1/15-1.html，运行结果如图 15-4 所示。

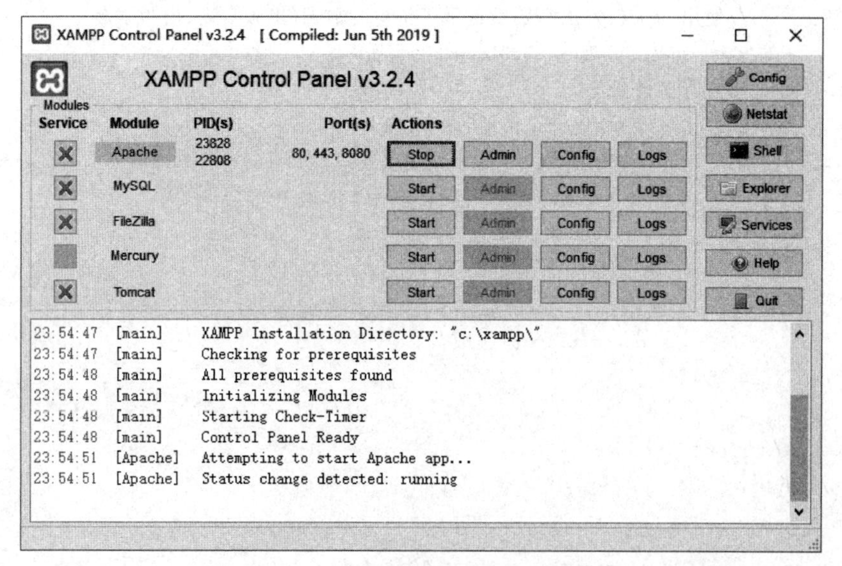

图 15-3　启动 Apache 服务器

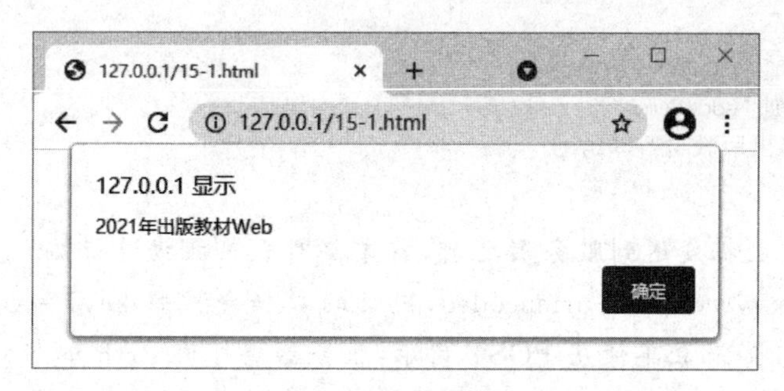

图 15-4　Ajax 运行结果

15.3　jQuery 的 ajax( )方法

jQuery 提供多个与 Ajax 有关的方法。通过这些方法，能使用 HTTP 请求(POST/GET)，从远程服务器请求文本、HTML、XML 或者 JSON，同时能将这些外部数据直接载入网页的被选元素中。jQuery 中，和 Ajax 有关的方法有 $.ajax()、load()、$.get()、$.post()、$.getScript()和 $.getJSON()。

1. $.ajax()方法

语法：

```
$.ajax({key:value, key:value, ... })
```

该参数设置 Ajax 请求的一个或多个键/值对。

常用的键参数有以下 5 个。

(1) url：设置发送请求的 URL，默认是当前页面。

(2) type：设置请求方式(POST 或 GET)，默认为 GET。

(3) data：发送到服务器的数据将自动转换为请求字符串格式。GET 请求将附加在 URL 后。processData 选项可以禁止此自动转换，必须为 key/value 格式。如果为数组，jQuery 将自动为不同值对应同一个名称。如{foo：["bar1"，"bar2"]} 转换为'&foo=bar1&foo=bar2'。

(4) dataType：设置预期的服务器响应的数据类型(text、html 、json、xml、script 等)。如果 dataType 设置为 json，则返回符合 JSON 格式的 JS 对象，不是 JSON 字符串。引用时，不需要转换。

(5) processData：默认值为 true。默认情况下，通过 data 键传递进来的数据如果是一个对象(技术上讲只要不是字符串)，都会处理转换成一个查询字符串，以配合默认内容类型 application/x-www-form-urlencoded。如果要发送 DOM 树信息或其他不希望转换的信息，可设置为 false。

常用的回调函数有以下两个。

(1) success：在请求之后调用。传入从服务器返回后的数据，以及包含成功代码的字符串。

(2) error：在请求出错时调用。传入 XMLHttpRequest 对象，描述错误类型的字符串以及一个异常对象(如果有)。

【例 15-2】 传递 JSON 数据到服务器。

参考代码：

前端代码如下。

```
<!DOCTYPE html>
<html>
    <head><meta charset="utf-8"><title></title></head>
    <body>
        <script src="js/jQuery-3.6.0.js"></script>
        <script type="text/javascript">
            //创建 JS 对象
            var obj1 = {name:"Tom",age:18};
            //转换成 JSON 格式的字符串
            var str1 = JSON.stringify(obj1);
            $.ajax({
                url:'test.php',
                type:'POST',              //请求方式为 POST
                data:str1,                //发送 JSON 字符串
                dataType:'json',          //预期的服务器响应的数据类型 json
                processData:false,        //禁止转换格式
            })
        </script>
    </body>
</html>
```

后端代码(test.php)如下。

```
<?php
    //接收 JSON 字符串,即'{"name":"Tom","age":18}'
    $jsonstr = file_get_contents("php://input");
    //转换成 PHP 对象
    $obj = json_decode($jsonstr);
    echo $obj->name;
?>
```

说明:前后端传递的是 JSON 字符串('{"name":"Tom","age":18}'),而不是标准的 URL 编码("key1=val1&key2=val2"),所以接收用 file_get_contents()函数。如果发送数据是用 & 拼接的标准格式的键值对字符串,例如:

```
var str1 = "name = Tom&age = 18"
```

在接收文件中,则需要用 $_POST()方法去获取传递过来键的值。

```
<?php
    $name = $_POST["name"];
    $age = $_POST["age"];
    echo $name."的年龄为".$age;
?>
```

2. load()方法

jQuery 的 load()方法用于从服务器加载数据,并把返回的数据放置到指定的元素中。语法格式如下。

```
$(selector).load(url,data,function(response,status,xhr))
```

参数说明如下。

(1) url 是必需项,用于设置要将请求发送到哪个 URL。

(2) data 是可选项,用于设置连同请求发送到服务器的数据(键值对集合)。

(3) function(response,status,xhr):可选。设置当请求完成时运行的函数。

【例 15-3】 单击"获取外部的内容"按钮获取外部数据,并加载到 id="test"的<p>标签内,运行结果如图 15-5 所示。

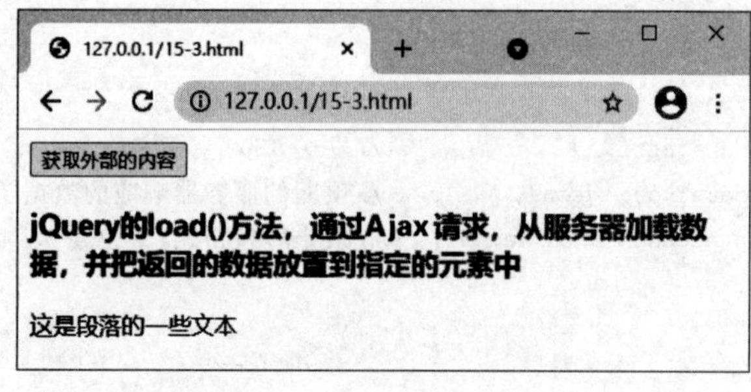

图 15-5 load()方法运行结果

参考代码：

```
<!DOCTYPE html>
<html>
    <head>
        <meta charset="utf-8"><title></title>
        <script src="js/jQuery-3.6.0.js"></script>
        <script type="text/javascript">
            $(document).ready(function() {
                $("#btn1").click(function(){
                    $('#test').load('Ajaxdemo.txt');
                })
            })
        </script>
    </head>
    <body>
        <button id="btn1" type="button">获得外部的内容</button>
        <p id="test">请单击上面的按钮,通过 jQuery Ajax 改变这段文本。</p>
    </body>
</html>
```

其中,Ajaxdemo.txt 文件的内容如下。

```
<h3>jQuery 的 load()方法,通过 AJAX 请求,从服务器加载数据,并把返回的数据放置到指定的元
素中</h3>
<p>这是段落的一些文本</p>
```

注意：本例 Ajaxdemo.txt 是用记事本保存的。在保存时,要在弹出的保存对话框中设置编码选项,将所有文件的编码统一为 UTF-8,否则运行结果的中文部分会显示为乱码。

如果需要对 HTML 代码的内容进行筛选显示,例如只显示<p>内容,则需要将代码修改为

```
$('#test').load('AJAX Demo.txt p');
```

3. $.get()方法和 $.post()方法

$.get()方法使用 HTTP GET 请求从服务器加载数据。$.post()方法使用 HTTP POST 请求从服务器加载数据。语法格式如下。

```
$.get(URL,data,function(data,status,xhr),dataType)
$(selector).post(URL,data,function(data,status,xhr),dataType)
```

参数说明如下。

(1) url 是必需项,用于设置需要请求的 URL。

(2) data 是可选项,用于设置连同请求发送到服务器的数据。

(3) function(response,status,xhr)是可选项,用于指定当请求成功时运行的回调函数。

(4) dataType 是可选项,用于设置预期的服务器返回的数据类型,包括 XML、HTML、JSON 等。

【例 15-4】 通过 $. post()方法向服务器请求数据,并显示出来。首先新建 test. php 文件,用 echo 命令输出一条数据,相当于服务器的数据来源。现用 $. post()访问这个服务器,回调函数中,将请求得到的数据和请求的状态用弹出对话框显示出来,如图 15-6 所示。

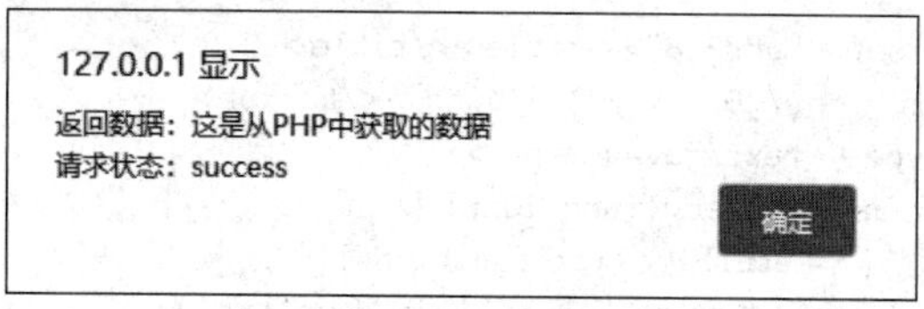

127.0.0.1 显示

返回数据：这是从PHP中获取的数据
请求状态：success

确定

图 15-6　$. post()方法运行结果

参考代码:

前端代码如下。

```
<!DOCTYPE html>
<html>
    <head>
        <meta charset="utf-8"><title></title>
        <script src="js/jQuery-3.6.0.js"></script>
        <script type="text/javascript">
            $(document).ready(function() {
                $("#btn1").click(function(){
                    $.post('test.php',function(data,status){
                        alert("返回数据:"+data+"\n请求状态:"+status)
                    })
                })
            })
        </script>
    </head>
    <body>
        <button id="btn1" type="button">发送 post 请求</button>
    </body>
</html>
```

后端代码(test. php)如下。

```
<?php
  echo "这是从 PHP 中获取的数据";
?>
```

15.4 Ajax 调试

Ajax 调试可以通过 Google Chrome 浏览器的控制台来实现。以例 15-2 代码为例,当前端程序向服务器发出请求时,切换到 Network 选项卡,可以看到加载文件的列表,如图 15-7 所示。单击后端的 test. php 文件,在 Headers 选项卡的最后,Form Data 区域显示的值就是前端向后端传递的 JSON 字符串信息({"name": "Tom","age": 18})。切换到 Pesponse 选项卡,可查看到服务器端响应的结果,返回 Tom,如图 15-8 所示。

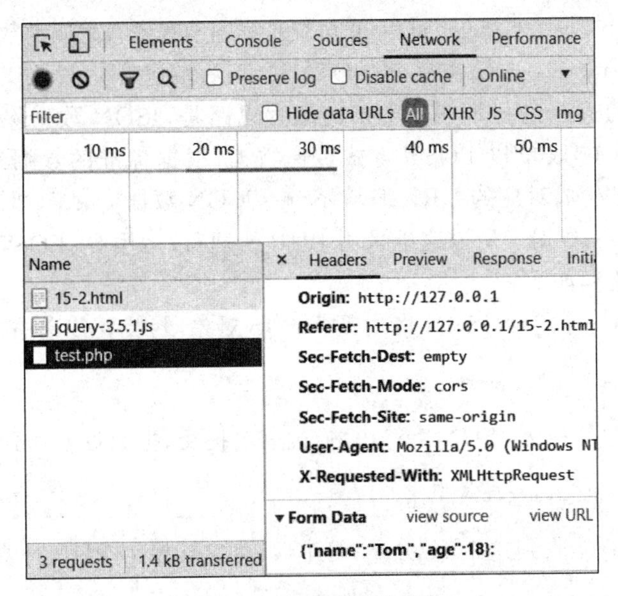

图 15-7　客户端发送信息

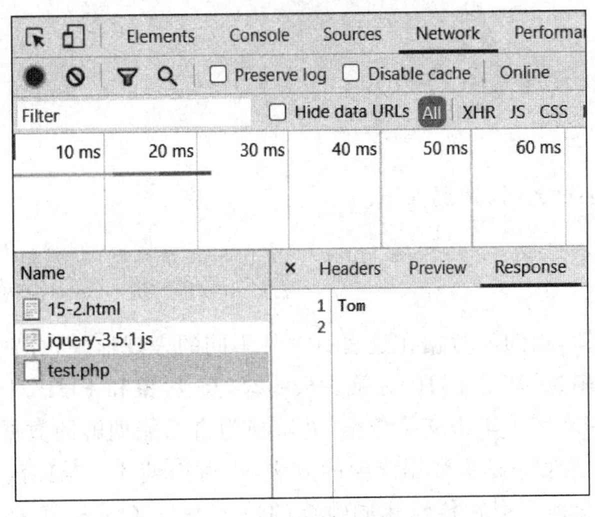

图 15-8　服务器端响应结果

如果在 Ajax 调试过程中出现错误,可从以下几个方面进行初步的检查:①检查 Ajax 参数设置是否正确,例如输入网址是否正确等;②检查提交数据的书写方式是否正确;③检查服务器返回的结果是否正确。如果检查完后还存在问题,也有可能是 JavaScript 的业务流程出了问题。

15.5　JSON 对象

1. JSON 简介

根据 ECMA-404 标准的定义,JSON(JavaScript object notation)是一种文本格式,书写格

式类似于 JavaScript 对象语法的字符串,它解决了不同编程语言之间的数据交换问题。

现以前端 JavaScript 进行 Ajax 的 POST 请求、后端进行 PHP 处理请求为例,对中间涉及的数据转换的过程进行说明。本例的编程思路是,JSON 数据保存在一个 name="json"的表单控件中,表单以 POST 方式传递数据,根据标准的数据编码方式“key1=val1&key2=val2”生成对应的 URL 编码“json=JSON 数据 &...”,即键对应表单控件名(name),值为 JSON 数据。所以这里采用 PHP 处理时,运用 $_POST[ ]函数去获取表单控件值。具体流程如下。

(1) 前端构造一个符合 JSON 格式要求的 JS 对象,封装要传递的数据。

```
var obj1 = {name:"Tom",age:18};
```

(2) 将 JS 对象转换为 JSON 字符串,通过表单提交,把数据发送到后端。

```
var str1 = JSON.stringify(obj1) ;
```

(3) 后端 PHP 接收到这个 JSON 字符串后,将它转换为 PHP 对象,请求处理。

```
//获取 JSON 数据
$jsonstr = $_POST["json"];
//转成 PHP 对象
var $obj2 = json_decode(jsonstr);
//输出 PHP 对象的 name 属性值
echo $obj2->name;
```

或者转换成 PHP 数组,代码如下。

```
var $obj3 = json_decode($jsonstr,true);  // 加 true 转换为 PHP 数组
echo $obj3['name'];                      //输出数组的键 name 对应的值
```

从执行过程可知,相同的数据在这里有 3 种不同的表现形式,分别是前端的 JS 对象、传输的 JSON 字符串、后端的 PHP 对象。很明显,JS 对象和 PHP 对象不是指同一样东西,但彼此都用 JSON 字符串来交换数据,并转换为自己能理解的数据结构。

当然,JSON 不是唯一解决数据交换的方法,也可以使用 XML 数据格式来实现不同编程语言间的数据交换。但在传输相同数据的情况下,JSON 格式的数据所占据的带宽更小,因此在大量数据请求和传递时,JSON 有明显的优势。由于 JSON 简洁、易读,采用完全独立于编程语言的文本格式来存储和表示数据,目前它已经在很多场合取代了 XML 的地位。

2. JSON 格式与 JS 对象语法区别

JSON 就是一个字符串,JSON 书写格式与 JS 对象语法非常相似,如表 15-1 所示。

表 15-1 JSON 格式与 JS 对象语法区别

区别	JSON 格式	JS 对象
数据	键值对方式; 多个键值对之间用逗号隔开	键值对方式; 多个键值对之间用逗号隔开

续表

区别	JSON 格式	JS 对象
键名	必须加双引号，若使用单引号或者不用引号，会导致读取数据错误	双引号（单引号）可加、可不加
值	只能是数值（十进制）、字符串（双引号）、布尔值、null、数组、符合 JSON 的对象，不可以是函数、undefined 以及 NaN	JavaScript 中任意值

可以看出，相对于 JS 对象语法，JSON 书写格式更严格，所以大部分 JS 对象是不符合 JSON 书写格式的。例如：

```
//自定义 JS 对象
var obj1 = {name:" Tom ",age:18}
var obj2 = { name:'John', age:16, talk:function(){ alert('我会说') ; }}
//自定义 JSON 字符串,书写格式类似 JS 对象
var obj3 = '{"name":"Tom","age":18}'
```

JSON 的另外一个数据格式类似二维数组，例如：

```
var obj4  = '[{ "name":"Tom","age":18},{"name":"Mike","age":20}]'
```

3. JSON 字符串与 JS 对象的相互转换

1）JSON 字符串转换为 JS 对象

要将 JSON 字符串转换为 JS 对象，须使用 JSON. parse()方法。语法格式如下。

```
JSON.parse(text[, reviver]) ;                  //不兼容 IE7 以及 IE7 之前的浏览器
```

参数说明如下。

(1) text 是必需项，是一个有效的 JSON 字符串。

(2) reviver 是可选项，是一个转换结果的函数，系统将为对象的每个成员调用此函数。例如：

```
var str  = '{"name":" Grace","sex":"female","age":"23"}';
var strToObj  = JSON.parse(str);         //JSON 字符串转换成 JS 对象
console.log(strToObj);                   //输出 JS 对象
console.log(typeof strToObj);            //输出 JS 对象的类型 object
console.log(strToObj.name);              //通过"对象.属性"得到 JS 对象的 name 属性值 Grace
```

2）JS 对象转换为 JSON 字符串

要将 JS 对象转换为 JSON 字符串，须使用 JSON. stringify()方法。语法格式如下。

```
JSON.stringify(value[, replacer[, space]]);
```

参数说明如下。

(1) value 是必需项，即需要转换的 JavaScript 值（通常为类似 JSON 格式的 JS 对象或者数组）。

(2) replacer 是可选项,用于转换结果的函数或数组。如果 replacer 为函数,则序列化过程中的每个属性都会被这个函数转换和处理。如果 replacer 为数组,那么只有包含在这个数组中的属性才会被序列化到最终的 JSON 字符串中。

(3) space 是可选项,用于美化输出。

例如:

```
var obj = {"name":" Grace","sex":"female","age":"23"}       //JS 对象
var objToStr = JSON.stringify(obj);                          //JS 对象转换成 JSON 字符串
console.log(objToStr);   //输出 JSON 字符串'{"name":" Grace","sex":"female","age":"23"}'
console.log(typeof objToStr);                                //输出 JSON 字符串的类型 string
```

【例 15-5】 定义一个 JSON,通过 jQuery 遍历 JSON 数据中的每一个值,并添加到表格中,如图 15-9 所示。

遍历JSON

商品	价格
草莓	120
水蜜桃	90
车厘子	298

图 15-9 遍历 JSON

参考代码:

```
<!DOCTYPE html>
<html>
    <head>
        <meta charset="utf-8"><title></title>
        <script src="js/jQuery-3.6.0.js"></script>
        <script type="text/javascript">
            $(document).ready(function() {
                // 定义变量,保存 JSON 字符串的信息
                var goodsStr = '[{"name": "草莓","price": 120}, {"name": "水蜜桃",
                            "price": 90},{"name": "车厘子","price":298}]';
                // JSON 字符串转换为 JS 对象
                var goods = JSON.parse(goodsStr);
                //定义变量,用于临时保存获取的 JS 对象的属性值
                var goodsName, goodsPrice;
                //遍历 JS 对象,并把值添加到表格中
                for (var i in goods) {
                    goodsName = goods[i].name;
                    goodsPrice = goods[i].price;
                    $('#content').append("<tr><td>" +
                    goodsName + "</td><td>" +
                    goodsPrice + "</td></tr>");
                }
            })
        </script>
    </head>
    <body>
        <h1>遍历 JSON</h1>
        <table id="content" style="width:200px;text-align: center;">
            <tr>
                <th>商品</th><th>价格</th>
            </tr>
```

```
        </table>
    </body>
</html>
```

4. 前端、后端 JSON 数据交换综合案例

【例 15-6】 创建 JS 对象，将其转换成 JSON 字符串，保存在 id="json"的不可见表单控件中。单击“传送 JSON 数据”按钮，将表单控件值发送到后端显示。

参考代码：

前端代码如下。

```
<!DOCTYPE html>
<html>
    <head><meta charset="utf-8"><title></title></head>
    <body>
        <form id='myform' action="test.php" method="post">
            <input type="hidden" name="json" id="json">
            <button type="button" id="btn">传送 JSON 数据</button>
        </form>
        <script src="js/jQuery-3.6.0.js"></script>
        <script type="text/javascript">
            //单击按钮，把表单值发送到后端的 test.php 文件中
            $("#btn").click(function(){
                var obj1 = {name:"Tom",age:18};     //创建 JS 对象
                var str1 = JSON.stringify(obj1);    //转换成 JSON 格式的字符串
                $('#json').val(str1);               //把 JSON 保存在 id="json"的表单控件中
                $("#myform").submit();              //提交表单
            })
        </script>
    </body>
</html>
```

后端代码(test.php)如下。

```
<?php
    $jsonstr = $_POST["json"];              //获取 name="json"表单控件保存的 JSON 数据
    $obj = json_decode($jsonstr);           //转换成 PHP 对象
    echo $obj->name;                        //获取 PHP 对象的 name 属性值
?>
```

【例 15-7】 单击“登录”按钮，触发表单的提交事件，序列化表单值，将数据传输至后端，由后端控制页面跳转和数据。

参考代码：

前端代码如下。

```
<!DOCTYPE html>
<html>
```

```
    <head>
        <meta charset = "utf-8"><title></title>
        <script src = "js/jQuery - 3.6.0.js"></script>
        <script type = "text/javascript">
            function login() {
                $.ajax({
                    type: "POST",              //请求方式
                    dataType: "json",          //服务器返回数据类型,类似 JSON 格式的对象
                    url: "test.php" ,          //发送请求的 URL
                    //序列化表单值,创建"key1 = val1&... "格式的 URL 编码字符串
                    data: $('#form1').serialize(),
                    success: function (result) {
                        console.log(result); //打印服务端返回的数据
                    },
                    error : function() {
                        alert("异常!");
                    }
                });
            }
        </script>
    </head>
    <body>
        <form id = "form1" onsubmit = "return false" action = "#" method = "post">
            <p>用户名:<input name = "userName" type = "text"/></p>
            <p>密  码:<input name = "password" type = "password"/></p>
            <p><input type = "button" value = "登录" onclick = "login()"></p>
        </form>
    </body>
</html>
```

后端代码(test.php)如下。

```
<?php
    $userName = $_POST["userName"];            //获取 URL 编码文本字符串中 userName 值
    $password = $_POST["password"];            //获取 URL 编码文本字符串中 password 值
    $arr = ['userName' => $userName, 'password' => $password];   //生成 PHP 数组
    echo json_encode($arr);                    //把 PHP 数组转换成 JSON 字符串,输出
?>
```

运行结果如图 15-10 所示。

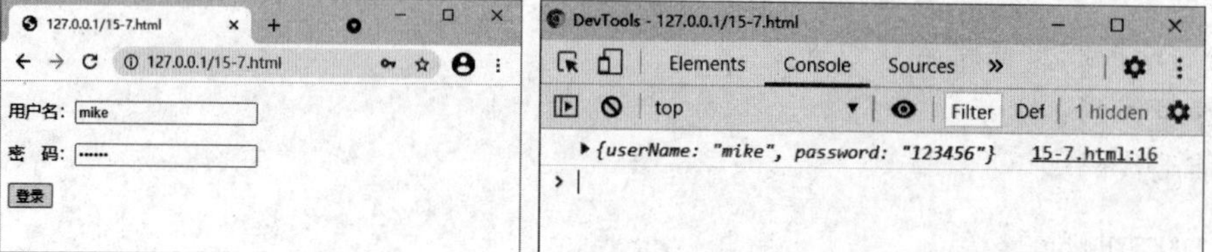

图 15-10 例 15-7 运行结果

本 章 小 结

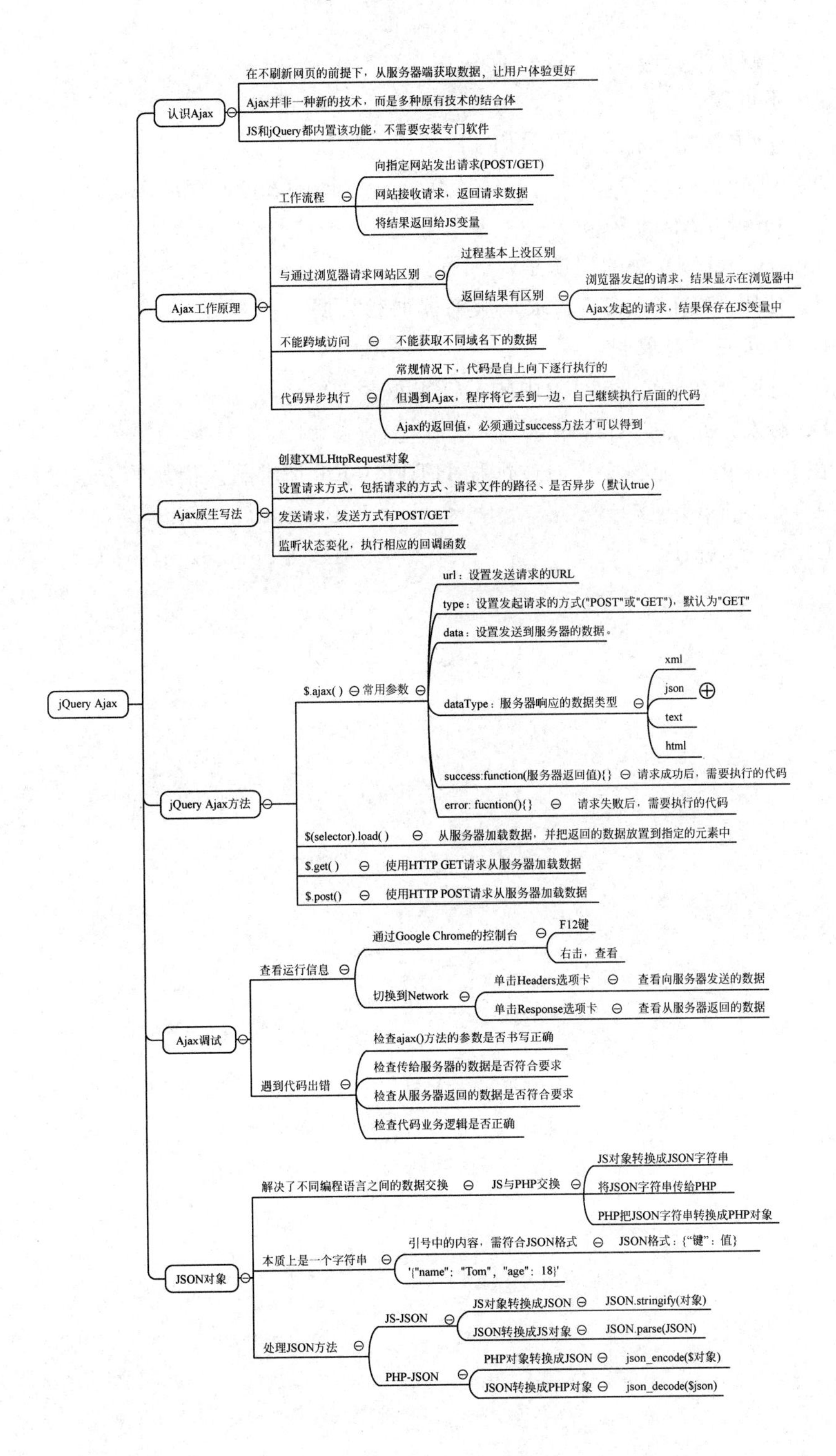

jQuery Ajax
认识Ajax
在不刷新网页的前提下，从服务器端获取数据，让用户体验更好
Ajax并非一种新的技术，而是多种原有技术的结合体
JS和jQuery都内置该功能，不需要安装专门软件
Ajax工作原理
工作流程
向指定网站发出请求(POST/GET)
网站接收请求，返回请求数据
将结果返回给JS变量
与通过浏览器请求网站区别
过程基本上没区别
返回结果有区别
浏览器发起的请求，结果显示在浏览器中
Ajax发起的请求，结果保存在JS变量中
不能跨域访问
不能获取不同域名下的数据
代码异步执行
常规情况下，代码是自上向下逐行执行的
但遇到Ajax，程序将它丢到一边，自己继续执行后面的代码
Ajax的返回值，必须通过success方法才可以得到
Ajax原生写法
创建XMLHttpRequest对象
设置请求方式，包括请求的方式、请求文件的路径、是否异步（默认true）
发送请求，发送方式有POST/GET
监听状态变化，执行相应的回调函数
jQuery Ajax方法
$.ajax( )
常用参数
url：设置发送请求的URL
type：设置发起请求的方式("POST"或"GET")，默认为"GET"
data：设置发送到服务器的数据。
dataType：服务器响应的数据类型
xml
json
text
html
success:function(服务器返回值){}
请求成功后，需要执行的代码
error: fucntion(){}
请求失败后，需要执行的代码
$(selector).load( )
从服务器加载数据，并把返回的数据放置到指定的元素中
$.get( )
使用HTTP GET请求从服务器加载数据
$.post()
使用HTTP POST请求从服务器加载数据
Ajax调试
查看运行信息
通过Google Chrome的控制台
F12键
右击，查看
切换到Network
单击Headers选项卡
查看向服务器发送的数据
单击Response选项卡
查看从服务器返回的数据
遇到代码出错
检查ajax()方法的参数是否书写正确
检查传给服务器的数据是否符合要求
检查从服务器返回的数据是否符合要求
检查代码业务逻辑是否正确
JSON对象
解决了不同编程语言之间的数据交换
JS与PHP交换
JS对象转换成JSON字符串
将JSON字符串传给PHP
PHP把JSON字符串转换成PHP对象
本质上是一个字符串
引号中的内容，需符合JSON格式
JSON格式：{"键"：值}
'{"name"："Tom"，"age"：18}'
处理JSON方法
JS-JSON
JS对象转换成JSON
JSON.stringify(对象)
JSON转换成JS对象
JSON.parse(JSON)
PHP-JSON
PHP对象转换成JSON
json_encode($对象)
JSON转换成PHP对象
json_decode($json)

练　习　15

（1）(　　)将 jQuery 与 Ajax 一起使用。

A. 不可以　　B. 可以

（2）(　　)方法用于执行异步 HTTP 请求。

A. jQuery. Ajax()　　B. jQuery. AjaxAsync()

C. jQuery. AjaxSetup()

（3）jQuery. get()方法的用途是(　　)。

A. 使用 HTTP GET 请求从服务器加载数据

B. 返回一个对象

C. 返回存在 jQuery 对象中的 DOM 元素

D. 触发一个 get Ajax 请求

（4）在 jQuery 中，能够实现通过远程 HTTP GET 请求载入信息的方法是(　　)。

A. $. ajax()　　B. load(url)

C. $. get(url)　　D. $. getScript(url)

参 考 文 献

[1] 工业和信息化部教育与考试中心. Web 前端开发(初级)[M]. 北京：电子工业出版社，2019.
[2] 工业和信息化部教育与考试中心. Web 前端开发(中级)[M]. 北京：电子工业出版社，2019.
[3] 工业和信息化部教育与考试中心. Web 前端开发(高级)[M]. 北京：电子工业出版社，2019.
[4] 北京阿博泰克北大青鸟信息技术有限公司. 使用 jQuery 快速高效制作网页交互特效[M]. 北京：电子工业出版社，
[5] 郑丽萍. JavaScript 与 jQuery 案例教程[M]. 北京：高等教育出版社，2018.
[6] 刘春茂. JavaScript+jQuery 动态网页设计案例课堂[M]. 2 版. 北京：清华大学出版社，2018.
[7] 卢淑萍，等. JavaScript 与 jQuery 实战教程[M]. 2 版. 北京：清华大学出版社，2015.
[8] 周文洁. JavaScript 与 jQuery 网页前端开发与设计[M]. 北京：清华大学出版社，2018.